高职高专“十三五”规划教材

C语言程序设计

主　审　仲崇俭　裴　杭
主　编　潘艳禄　孙洪琼
副主编　曾　欣　闫启龙　马启元

南京大学出版社

图书在版编目(CIP)数据

C语言程序设计 / 潘艳禄,孙洪琼主编. —南京:南京大学出版社,2016.8(2018.1重印)

高职高专"十三五"规划教材

ISBN 978-7-305-17483-4

Ⅰ.①C… Ⅱ.①潘… ②孙… Ⅲ.①C语言-程序设计-高等职业教育-教材 Ⅳ.①TP312.8

中国版本图书馆CIP数据核字(2016)第196845号

出版发行 南京大学出版社
社　　址 南京市汉口路22号　　邮　　编 210093
出 版 人 金鑫荣

丛 书 名 高职高专"十三五"规划教材
书　　名 C语言程序设计
主　　编 潘艳禄 孙洪琼
责任编辑 刘 洋 吴 汀　　编辑热线 025-83592146

照　　排 南京理工大学资产经营有限公司
印　　刷 丹阳市兴华印刷厂
开　　本 787×1092 1/16 印张 13.75 字数 335千
版　　次 2016年8月第1版 2018年1月第3次印刷
ISBN 978-7-305-17483-4
定　　价 30.00元

网　　址:http://www.njupco.com
官方微博:http://weibo.com/njupco
微信服务号::njuyuexue
销售咨询热线:(025)83594756

前　言

C语言程序设计是高职高专院校软件技术、计算机网络技术、计算机应用技术等专业的核心课程，也是学生接触的第一门编程类课程，主要介绍程序设计的基础知识，让学生理解常用算法，掌握编码规范等。

本教材是根据高职高专院校的教学改革要求，按照任务导向的思路编写的。全书分四大部分，共22个任务组成。按照任务由简单到复杂，涉及的知识点从少到多，实施难度从易到难的顺序组织编排。每个任务按照工作过程设计了若干个子任务，用于创设学习情境、融理论教学与实践教学于一体，把知识点的学习分解并贯穿在工作任务的实施过程中。任务内容安排顺序既符合学生的认知规律，又反映了C语言知识的连贯性，目的明确，内容简洁，实践性强。

使用本教材应与“教、学、做”一体、行动导向等教学方法相结合。我们的教改实践证明，在“做中学”不仅能突出重点，更有利于培养学生的职业行动能力，更符合高素质技能型人才培养目标。

本教材任务1～4及附录由孙洪琼、李鹏、马启元编写，任务5～14由曾欣编写，任务15～19由潘艳禄编写，任务20～22由闫启龙编写。哈尔滨信息工程学院软件学院的教师们为本书的编写提供了大量的项目和实例素材。

由于时间仓促，书中难免存在问题，恳请各位读者指正。

编者

二〇一六年六月

目　录

第一部分　程序设计入门

第二部分 程序设计三大流程结构

第三部分　数组的使用

第四部分 结构化程序设计

第一部分

程 序 设 计 入 门

任务一　输出“GAME OVER”

行动目标：

- √ 掌握C程序的结构和书写规则
- √ 掌握 Win-TC 的使用方法
- √ 能够编写包含输出语句的简单C程序
- √ 了解计算机系统组成、进制转换等知识

【任务描述】

开发一个最简单的游戏退出界面，在屏幕上显示“GAME OVER”，这将是大家接触的第一个C程序。

通过这个任务，大家将了解C程序的结构和 Win-TC 操作，掌握如何编写、编译和运行C程序。

【任务分析】

开发C程序，首先要具备开发和运行环境，第一个任务要完成 Win-TC 的安装，这是编辑、编译和运行C程序的前提条件；第二个任务要在 Win-TC 中编写C程序，完成在屏幕上显示“GAME OVER”的功能；第三个任务是在 Win-TC 中编译和运行该程序。

【任务实施】

1.1　任务1：安装 Win-TC

目前，经常使用的是 Windows 环境下的C语言程序编辑软件——Win-TC。双击安装文件，按照导航一步一步完成安装操作，双击 Win-TC 图标运行后，将打开如图1-1所示窗口：

“Hello，world”是 Win-TC 提供的第一个简单C程序，下面一起来体验下如何编写一个简单的C程序。

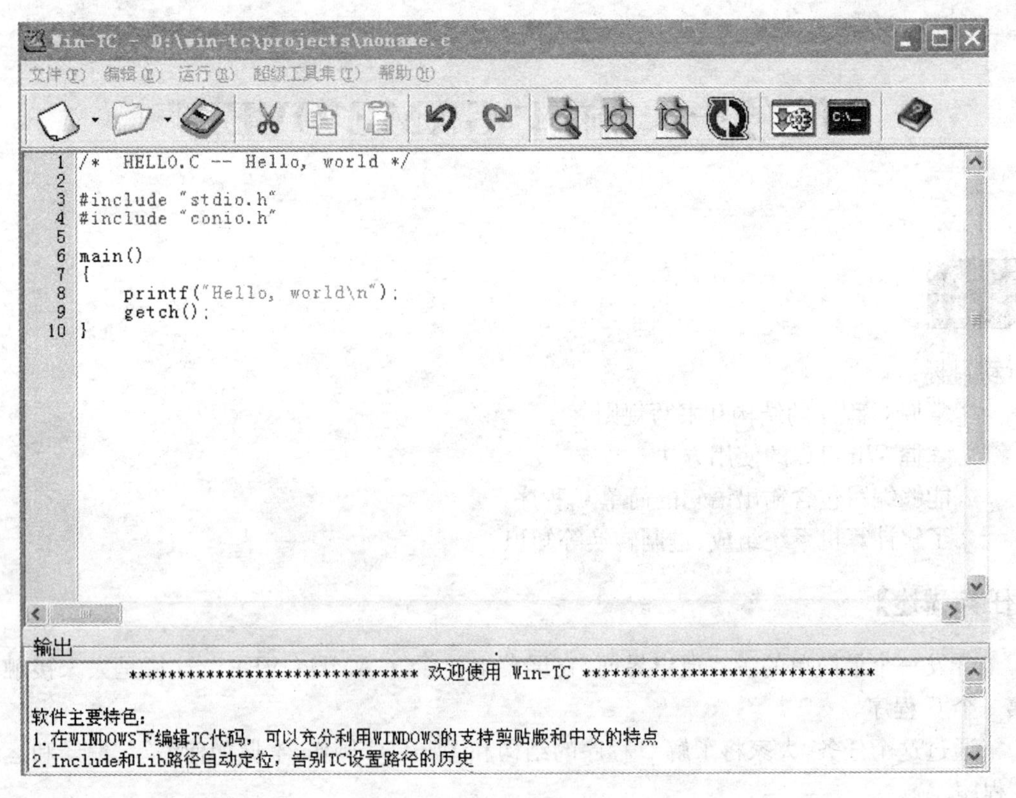

图 1-1 Win-TC 窗口

1.2 任务 2:编写“GAME OVER”C 程序

在开始编写 C 程序之前,有许多要遵守的规则。违背以下的任何一个规则都将会导致程序不能执行。通过分析“Hello,world”程序,可以总结出 C 程序的结构及书写规则:

(1) C 程序要以＃ include “stdio. h”语句开头,这是一个在每个 C 程序中都要用到的语句,也可以省略,详细内容将在后面讨论;

(2) 一个 C 程序由一个或多个函数组成,其中必须有一个主函数“main()”,主函数 main()后面的内容必须用花括号“{}”括起来,更多的函数将在后面的任务中深入学习;

(3) 每个 C 语句以分号“;”结尾;

(4) 习惯上,编写 C 程序时均使用小写英文字母;

(5) C 程序一般都采用缩进格式的书写方法。

按照上面的结构,改造出“GAME OVER”程序:

```
1  /* game.c -- GAME OVER * /
2  #include "stdio.h"
3  #include "conio.h"
4  main()
```

```
5  {
6    printf("GAME OVER\n");
7    getch();
8  }
```

第 1 行是一个注释语句。在程序中出现的注释语句是用来对程序或语句进行说明的。在程序的任何地方都可以用注释语句。注释语句由"/ * "开始，以" * /"结束，编译器将忽略注释语句的部分，注释部分对程序本身没有影响。

第 2、3 行是一个标准语句，表示本程序将使用库函数。在这里对于头文件的使用，可以使用"stdio. h"也可以使用<stdio. h>，二者在语法上都没有错误，但在用法上有区别：

- 对于 # include　< stdio. h >，编译器从标准库路径开始搜索 stdio. h；
- 对于 # include　"stdio. h"，编译器从用户的工作路径开始搜索 stdio. h。

<>表示程序将会首先且只会去系统类库目录查找所想引入的类或者包，一般用来包含标准头文件；""表示程序会首先从当前目录(包括设置的所有附加包含目录)查找所想引入的类或者包，如果没有找到，将去系统类库目录找，一般用来包含自定义头文件。

第 4 行是主函数 main()。

第 6 行是输出语句，其中使用了 C 语言提供的格式输出函数 printf()，它的功能是显示使用者想要输出的内容，需要显示的字符都写在双引号里面。当它放在 C 程序中时，双引号内的信息被原封不动显示出来。"\n"使光标移动到下一行行首。

第 7 行是从键盘接收一个字符，起暂停的作用。

最后一行是程序的结束部分。

程序编写完成并不能马上显示"GAME OVER"，还需要大家一起来调试、编译和运行该程序，程序运行正确后才能得到想要的结果。

1.3　任务 3：编译、运行 C 程序

编写、编译和运行是一个 C 程序包含的不同步骤，刚刚已经编写好的第一个 C 程序(. c)，需要在 Win-TC 中完成编译、错误检查和运行，生成可执行文件(. exe)，只有当程序编译和执行以后才会输出"GAME OVER"，如图 1 - 2 所示：

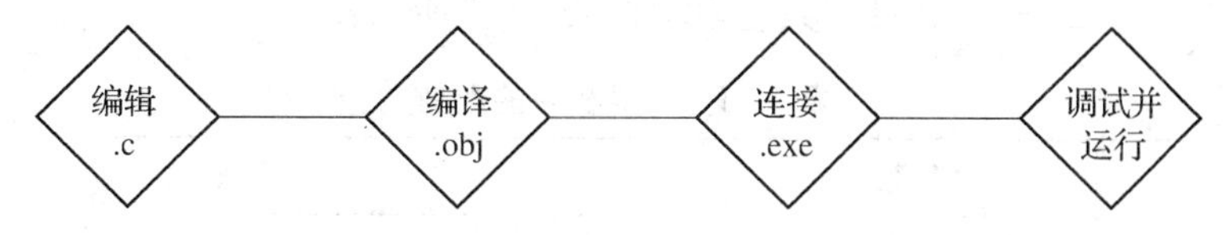

图 1 - 2　编译、运行 C 程序示意图

至此，第一个 C 程序就完成了。

【知识拓展】

1. 计算机系统组成

计算机的组成如图1-3所示。

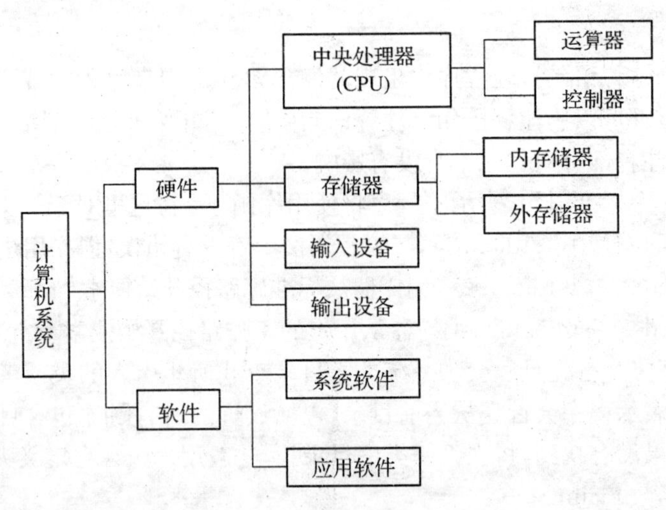

图1-3　计算机系统组成

2. 数据存储与进制转换

(1) 存储器工作原理

存储器由半导体集成电路构成,集成电路包括上亿个脉冲电路单元(二极管元件),二极管元件如同开关,有两种稳定的工作状态:"导通"状态,即"有"电脉冲(用1表示);"截止"状态,即"无"电脉冲(用0表示)。所有数据在计算机中都将用"1"、"0"来表示。

(2) 计算机中的数制

数制也称计数制,是指用一组固定的符号和统一的规则来表示数值的方法。计算机中经常使用十进制、二进制、八进制和十六进制,但在计算机内部,不管什么样的数都使用二进制形式来表示。

基数:每种数制中数码的个数称为该数制的基数 。如十进制中有10个数码,基数是10;二进制中有两个数码0和1,基数是2 。

进制:在数制中有一个规则,就是N进制一定是"逢N进一"。如十进制就是"逢十进一",二进制就是"逢二进一"。具体数制表示如表1-1所示:

表1-1　计算机中的数制

数制	基数	数　码
二进制	2	0 1
八进制	8	0 1 2 3 4 5 6 7
十进制	10	0 1 2 3 4 5 6 7 8 9
十六进制	16	0 1 2 3 4 5 6 7 8 9 A B C D E F

（3）进制之间的转换

计算机进制之间的转换方法如图 1－4 所示。

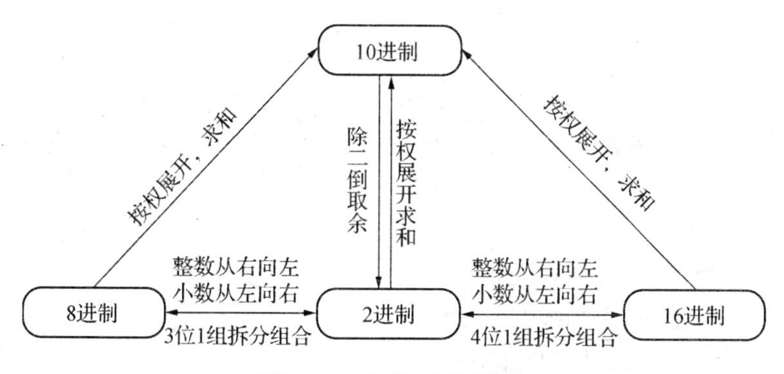

图 1－4 计算机进制转换

3. 高级语言程序设计

当两个或者更多的人相互对话的时候，他们之间会使用一件很普通的工具——语言。同样，计算机与人沟通时也需要语言，其中，机器语言由二进制码组成，它可以直接操纵计算机的硬件，但现在极少使用。目前，用于与计算机沟通的语言多为高级语言，高级语言有很高的可移植性，用高级语言编写的程序叫作高级语言源程序，必须翻译成机器语言目标程序才能被计算机执行。高级语言的翻译有两种方式：编译方式和解释方式。

编译方式：编译程序把高级语言源程序翻译成目标程序，执行时运行目标程序。解释方式：在运行高级语言源程序时，由解释程序对源程序边翻译边执行。C 语言是一门面向用户的高级语言，C 语言中的程序要通过编译后才能够运行。

4. C 语言的发展历史及特点

C 语言是由美国贝尔实验室的 Dennis Ritchie 程序员开发的，它是贝尔实验室 Ken Thompson 开发的 B 语言（Combines Programming Language）的继承。它的特点如下：

（1）简洁紧凑、灵活方便；

（2）运算符丰富；

（3）数据结构丰富；

（4）C 语言是结构式语言；

（5）C 语言语法限制不太严格，程序设计自由度大；

（6）C 语言允许直接访问物理地址，可以直接对硬件进行操作；

（7）C 语言程序生成代码质量高，程序执行效率高；

（8）C 语言适用范围大，可移植性好。

总之，C 语言对程序员要求较高。程序员使用 C 语言编写程序会感到限制少，灵活性大，功能强，可以编写出任何类型的程序。

【小组讨论与呈现作业】

一、选择题

1. 一个 C 语言程序总是从（　　）位置开始执行的。

A. 程序开头　　B. 第一个函数　　C. 主函数　　D. 第一条语句

2. 以下叙述中不正确的选项是(　　)。

A. 注释内容无论多少,在对程序编译时都被忽略

B. 注释语句只能位于某一语句的后面

C. 注释语句必须用/ * 和 * /括起来

D. 在注释符“/”和“ * ”之间不能有空格

3. 一个C语言标识符的第一个字符是(　　)。

A. 只能是数字

B. 只能是字母

C. 只能是下划线或字母

D. 可以是字母、数字、下划线的任一种

4. 下列不能作为C语言标识符的是(　　)。

A. _char　　B. M!　　C. abc　　D. A_B_c

5. 下列选项中,可以作为C语言标识符的是(　　)。

A. a. b　　B. 3day　　C. iage　　D. ＃abc_

二、编程题

编写一个C程序,打印出消息“This is my first program in C. ”。请小组呈现程序的功能及结构,简述main()、{　}、printf()、;、/ *　* /的含义与用法。

任务二　计算总成绩与平均分

行动目标：

- ✓ 区分常量与变量，掌握变量的使用
- ✓ 掌握 C 语言的基本数据类型，能够根据实际情况选用适当的数据类型
- ✓ 掌握算术运算和赋值运算的运算法则，能够利用表达式完成计算
- ✓ 能够编写包含键盘输入、计算和显示输出等操作的简单 C 程序

【任务描述】

编写一个计算总成绩与平均分的 C 程序，实现从键盘输入 Jack 的三门课程的成绩，在屏幕上自动显示这三门课程的总成绩与平均分。

通过这个任务，掌握 C 程序中的变量、算术运算符、赋值运算符及表达式、输入函数和输出函数的使用方法。

【任务分析】

在任务一输出“GAME OVER”的程序中只有输出语句。而在本任务中应该有能够完成输入、计算和输出三个功能的语句。本任务可以拆分成 3 个子任务，任务 1 是完成输入功能，即将 Jack 的三门程课的成绩存储到计算机中；任务 2 是计算 Jack 的总成绩和平均分；任务 3 是在屏幕上输出 Jack 的总成绩和平均分。具体流程如图 2－1 所示：

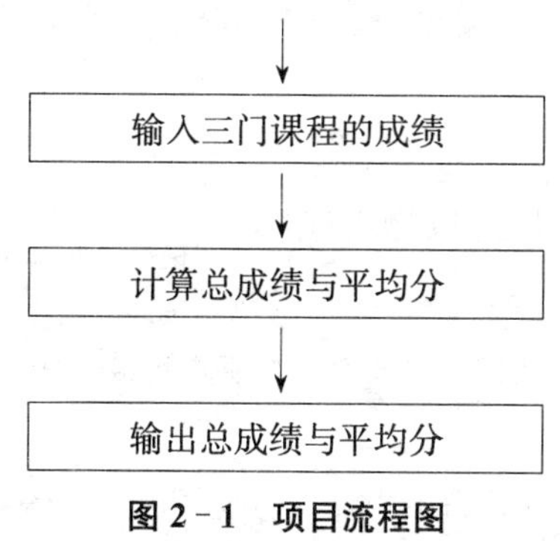

图 2－1　项目流程图

【任务实施】

2.1　任务1:输入三门课程的成绩

一个人想把钱存在银行中,会有一个账号,每个账户仅对应一个ID。无论什么时候想取出钱,只要提交这个ID,银行的系统就能识别账户里的钱。在C语言中,可以把数据存放在存储器中(相当于银行),为了识别出数据存放的位置,可以先为存储的地方命名(相当于银行中的账户),这个名字称作变量(相当于账户ID)。无论什么时候需要使用这个数据,变量名都可以帮助计算机识别该变量存放在什么位置,并把变量的值提取出来用于运算。

变量能够存放一个整数、一个实数或者一个字符,但是它在同一时间只能存储一个数据。一个分配用于存储整型数据的位置就只能存储整型数据。对于其他类型的数据也是同样。

1. 变量名定义的规则

变量名中可以包含字母、数字和下划线,但是首字符必须是字母或者下划线。注意:C语言中的关键字不能用做变量名,变量名区分大小写。

C语言的关键字包括:

auto　　break　　case　　char　　const
continue　　default　　do　　double　　else
enum　　extern　　float　　for　　goto
if　　int　　long　　register　　return
short　　signed　　sizeof　　static　　struct
switch　　typedef　　union　　unsigned　　void
volatile　　while

2. 基本数据类型

C语言可以支持不同的数据类型,每一种数据类型在内存中都以不同的方式表示。例如:

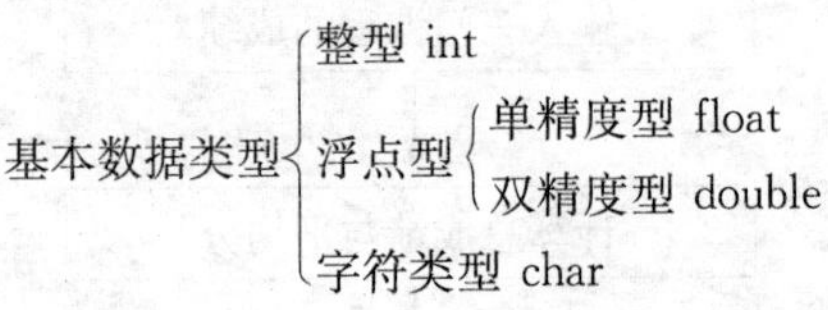

图2-2　C语言的基本数据类型

(1) 整型(int)

整型用来存储所有的整数,但不能处理分数或小数。它能处理的数字范围为－32768～＋32767。对于绝大多数的计算机来说,一个整型数据需要占用2B的存储空间。整型的格式符是“%d”。

(2) 浮点型(float)

浮点型数据用来存储浮点数,即用来存储包含小数点的数。例如67.5。浮点数要求4B的存储空间并且能达到6位小数的精度。浮点型数据类型的格式符是“%f”。

(3) 双精度型(double)

双精度的数据类型也用于存储浮点型数据。与浮点型数据类型不同之处在于精度和存储的空间大小不同。双精度型提供更大的精度,能够保证大约15位小数的精度,要求用8B的存储空间存储一个双精度数。

(4) 字符型(char)

字符型数据仅仅包含一个字符,它只用1B存储空间。对于字符型数据,大多数的编译器允许存储ASCII码值为0～255。字符型的格式符是“%c”。

3. 变量的定义

在C语言中,通常把变量指定数据类型称为变量类型声明,也可称为变量的定义。例如指定变量用来存储一个整数、一个浮点数或者一个字符。变量类型声明必须放在第一个花括号后、程序开始之前,即所有的变量都要先定义,后使用。

变量的定义格式:

```
类型说明符 变量名列表
```

其中,类型说明符指int、float、double、char等。如果想给多个指定相同的数据类型,可以在数据类型后面跟上所有需要定义的变量,变量名之间要用逗号“,”分隔。

例如:

```
int  x,y,z;
float  f1,f2;
char  ch;
```

4. 变量的初始化

变量的初始化是指在定义变量的同时对变量预先设置初值。

例如,执行语句:

```
int  num = 0;
float  pi = 3.14;
char  c1,c2 = 'Y';
```

变量num、pi、c2的初值分别为0、3.14和字符Y。

学习了变量的定义和初始化,如何来实现将Jack的三科成绩输入到计算机中存储起来呢?首先要定义5个变量,分别来存储三科成绩和总分、平均分。例如:

```
int  cj1 = 0;
int  cj2 = 0;
int  cj3 = 0;
int  sum = 0;
float  average = 0;
```

这里注意要将平均分的变量 average 定义成浮点型。

5. scanf()输入函数的格式

与 printf()相类似,C 语言提供了输入函数 scanf(),用来接收使用者从键盘输入的数据。scanf()函数的格式如下:

```
scanf(格式控制,地址表)
```

其中,scanf()函数要使用一些辅助输入的格式控制符,格式控制符是表示接收不同数据类型的特殊符号,例如:“%d”、“%f”、“%c”等,所有的格式控制符都必须包含在双引号中。

地址表是在变量名前加“&”,例如:&x、&y、&z 等,其中“&”是一个强制地址符号,x、y、z 分别是变量名。

当用户从键盘上输入数据时,scanf()函数就会判断该输入字符是否属于指定的数据类型,如果是,则将其存入由编译器给它在内存中分配的位置,如表 2-1 所示。

表 2-1 scanf()函数的常用输入格式控制符

格式控制符	输入要求	示例
%d	整型数据	scanf("%d",&a);
%f	浮点数	scanf("%f",&a);
%c	字符	scanf("%c",&a);

在使用 scanf()函数时要注意 3 点:

(1) 输入数据之间的分隔符要与格式控制符之间的分隔符相一致。

例如:

```
scanf("%d%d",&a,&b);
```

输入数据时,可在两个数据之间以一个或多个空格间隔,也可用回车键、跳格键 tab,但是不能使用其他字符。

如果在“格式控制”字符串中除了格式说明以外还有其他字符,则在输入数据时应输入与这些字符相同的字符。例如:

```
scanf("%d,%d",&a,&b);
```

此时,应在两个数据之间以逗号分隔:3,4↙(回车)

又如:

```
scanf("a=%d,b=%d",&a,&b);
```

此时,应输入如下形式:a=3,b=4↙(回车)

(2) 在输入函数中要注意输入数据与格式控制符要一致。

例如，a 已定义为整型，b 定义为实型。

```
scanf("%d%f\n",&a,&b);
```

(3) 一般在 scanf()函数之前可以使用 printf()函数提示要输入的数据内容。例如：

```
printf("Please enter Jack's achievements:\n");
scanf("%d %d %d",&cj1,&cj2,&cj3);
```

2.2　任务 2：计算 Jack 的总成绩和平均分

在 C 语言中运算符和表达式是最基本的构成部分，没有运算符和表达式，就不能编写出 C 语言的任何程序。数据处理是程序的核心部分，是程序处理的对象，在数据处理中各种运算又是最主要部分，运算符是施加给这些数据的操作。表达式是由常量、变量、函数和运算符所组成的。

在本项目中，计算总成绩是求和，计算平均分是除法运算，在 C 语言中完成这些操作要使用算术运算符和赋值运算符的相关知识。

1. 算术运算符

算术运算符可以看作是运算符的核心，它能帮助我们解决不同数学运算问题。C 语言提供 5 种基本的算术运算符，如表 2-2 所示：

表 2-2　算术运算符

类型	说明
算术运算符	+　−　*　/　%

上面的运算符相当常见，但是注意算术运算要求操作数必须是整数、浮点数或者字符。其中字符能进行加减法，是 C 语言的特别之处，它能把字符看作整数值，在运算符需要对字符进行运算的时候，就会把字符转化为该字符的整数值(ASCII 码)，然后再进行计算，具体内容将在后面的任务中介绍。

在 C 语言的算术运算符中，特别要注意除法运算和取余运算，其中：

除法运算的值将根据操作数的数据类型，决定商是整数还是浮点数。

(1) 整数除法(整除)：当被除数和除数都是整型数据时，"/"运算的结果为整型。

(2) 实数除法：当被除数和除数中至少有一个是实数型数据时，"/"运算的结果为实数型。

取余运算是将两个操作数进行除法操作，再取余数。例如：

7%3，结果显示为 1，因为 7 被 3 除，余数为 1。

要使取余运算有效，取余运算符两边的操作数必须是整数，且第二个数字非零。

2. 赋值运算符

简单赋值运算符记为"="。由" = "连接的式子称为赋值表达式。赋值表达式的功能是计算表达式的值再赋予左边的变量，具体格式如下：

变量名 = 表达式

注意,在C语言中的"="代表赋值,并不代表"等于"。

C语言中赋值运算符有6种,分别是=、+=、-+、*=、/=、%=。其中,在赋值符"="之前加上算术运算符可构成复合赋值符,如表2-3所示。

表2-3　复合赋值运算符

类型	说明
复合赋值运算符	+=　-=　*=　/=　%=

算术运算符"+ — * / %"和赋值运算符"="结合起来,形成如下所示复合赋值运算符:

+=:加赋值运算符。如a+=b+1,等价于a=a+(b+1)。

-=:减赋值运算符。如a-=b+1,等价于a=a-(b+1)。

=:乘赋值运算符。如a=b+1,等价于a=a*(b+1)。

/=:除赋值运算符。如a/=b+1,等价于a=a/(b+1)。

%=:取余赋值运算符。如a%=3+1,等价于a=a%(3+1)。

复合赋值运算符的作用是先将复合运算符右边表达式的结果与左边的变量进行算术运算,然后再将最终结果赋予左边的变量。所以复合运算要注意:

(1) 复合运算符左边必须是变量;

(2) 复合运算符右边的表达式计算完成后才参与复合赋值运算。

复合运算符常用于某个变量自身的变化,尤其当左边的变量名很长时,使用复合运算符书写更方便。例如:

a+=5 等价于 a=a+5

r%=p 等价于 r=r%p

复合赋值符这种写法,对初学者可能不习惯,但十分有利于编译处理,能提高编译效率并产生质量较高的目标代码。

3. 计算总成绩与平均分

在前面已经定义了sum和average两个变量,现在就可以分别计算总成绩和平均分了,具体如下:

```
sum = cj1 + cj2 + cj3;
average = sum / 3;
```

这里会出现一个问题,sum是一个整型变量,当整型数据进行除法运算,也就是前面提到的"整除"时,商也是整型数据,而我们已将average定义成为浮点数,在完成赋值时发现数据类型不一致。

如果赋值运算符两边的数据类型不相同,系统将自动进行类型转换,即把赋值号右边的类型换成左边的类型。具体规定如下:

(1) 实型赋予整型,舍去小数部分。

(2) 整型赋予实型,数值不变,但将以浮点形式存放,即增加小数部分。

(3) 字符型赋予整型,由于字符型为一个字节,而整型为两个字节,故将字符的 ASCII 码值放到整型量的低八位中,高八位为 0。

(4) 整型赋予字符型,只把低八位赋予字符量。

因此,为保留小数点后面的数据,可以把语句改为:

```
average = sum /3.0;
```

2.3 任务 3:在屏幕上显示总成绩和平均分

printf()函数的调用格式为:

```
printf("格式化字符串",参量列表);
```

其中,格式化字符串包括两部分内容:

(1) 一部分是正常字符,这些字符将按原样输出;

(2) 另一部分是格式化规定字符,以"%"开始,后跟一个或几个规定字符,用来确定输出内容格式。

表 2-4 printf()函数的常用输出格式控制符

格式控制符	输入要求	示例
%d	整型数据	printf("%d",a);
%f	浮点数	printf("%f",a);
%c	字符	printf("%c",a);

参量表是需要输出的一系列参数,其个数必须与格式化字符串所说明的输出参数个数一样多,各参数之间用","分隔,且顺序要一一对应。printf()函数的更多用法会在后面的任务中深入学习。

最终,计算总成绩与平均分的程序如下:

```
# include "stdio.h"
main()
{
    int cj1 = 0;          /* 定义并初始化 cj1   */
    int cj2 = 0;          /* 定义并初始化 cj2   */
    int cj3 = 0;          /* 定义并初始化 cj3   */
    float sum = 0;        /* 定义并初始化 sum   */
    float aver = 0;       /* 定义并初始化 aver */
    printf("Please enter Jack's achievements:\n");
```

```
    scanf(" %d %d %d",&cj1,&cj2,&cj3);
    sum = cj1 + cj2 + cj3;
    aver = sum /3.0;
    printf("sum = %d,average = %f\n",sum,aver);
    getch();
}
```

【知识拓展】

1. scanf()函数在接收字符数据时的方法

当使用 scanf()函数连续输入多个字符时,存在一个问题。例如:

```
#include "stdio.h"
main()
{
    char c1, c2;
    scanf(" %c", &c1);
    scanf(" %c", &c2);
    printf("c1 is %c, c2 is %c", c1, c2);
    getch();
}
```

运行该程序,从键盘输入一个字符 A 后回车(要完成输入必须回车),在执行 scanf("%c",&c1)时,给变量 c1 赋值'A',但回车符仍然留在缓冲区内,执行输入语句 scanf("%c",&c2)时,变量 c2 输出的是一空行。如果输入 AB 后回车,那么输出结果为"c1 is A, c2 is B"。

要解决以上问题,可以在第二个输入函数前加入清除函数 fflush(),这个函数的功能是清空输入缓冲区。修改后的程序如下:

```
#include "stdio.h"
main()
{
    char c1, c2;
    scanf(" %c", &c1);
    fflush(stdin);
    scanf(" %c", &c2);
    printf("c1 is %c, c2 is %c", c1, c2);
    getch();
}
```

2. 自增运算符和自减运算符

自增和自减运算符是 C 语言所特有的，主要用于给一个变量加 1 或减 1。自增和自减运算符及其功能如下：

＋＋：自增运算符。如 a＋＋；＋＋a；都等价于 a＝a＋1。

－－：自减运算符。如 a－－；－－a；都等价于 a＝a－1。

自增运算符和自减运算符可以放到变量前面（前置方式）或者后面（后置方式），这两种方式同样实现了变量的自增或自减运算。但是当变量的自增运算或者自减运算同其他运算符配合构成一个表达式时，前置运算时变量先做自增或自减运算，再将变化后的变量值参加表达式中的其他运算。后置运算时变量在参加表达式中的其他运算之后，再做自增或自减运算。

下例将说明前置与后置运算符的区别：

设正 x、y 均为整型变量，且 x＝10，y＝3，则 printf("%d,%d\n",x－－,－－y)；语句的输出结果是：

10,2

而程序运行后，x 值是 9，y 值是 2。

3. 运算符的优先级与结合性

C 语言中，运算符的运算优先级共分为 15 级，1 级最高，15 级最低。在表达式中，优先级较高的先于优先级较低的进行运算。而在一个运算量两侧的运算符优先级相同时，则按运算符的结合性所规定的结合方向处理。

C 语言中各运算符的结合性分为两种，即左结合性（自左至右）和右结合性（自右至左）。例如算术运算符的结合性是自左至右，即先左后右。如有表达式 x－y＋z 则 y 应先与“－”号结合，执行 x－y 运算，然后再执行＋z 的运算。这种自左至右的结合方向就称为“左结合性”。而自右至左的结合方向称为“右结合性”。最典型的右结合性运算符是赋值运算符。如 x＝y＝z，由于“＝”的右结合性，应先执行 y＝z 再执行 x＝(y＝z)运算。

【小组讨论与呈现作业】

一、选择题

1. x、y、z 被定义为 int 型变量，若从键盘给 x、y、z 输入数据，正确的输入语句是（　　）。

A. INPUT x、y、z;

B. scanf("%d %d %d",&x,&y,&z);

C. scanf("%d %d %d",x,y,z);

D. read("%d %d %d",&x,&y,&z);

2. 若已定义 x 和 y 为 double 类型，则表达式 x＝1，y＝x＋3/2 的值是（　　）。

A. 1　　B. 2　　C. 2.0　　D. 2.5

3. 表达式 17%4/8 的值为（　　）。

A. 0　　B. 1　　C. 2　　D. 3

4. 在运行下面的程序中，当输入数据的形式为：25,13,10<CR>（注：<CR>表示回车），则正确的输出结果为（　　）。

```
main()
{
    int x,y,z;
    scanf(" %d %d %d",&x,&y,&z);
    printf("x+y+z=%d\n",x+y+z);
}
```

A. x+y+z=48　　　　B. x+y+z=35

C. x+z=35　　　　D. 不确定值

5. 与 x*=y+z 等价的赋值表达式是(　　)。

A. x=y+z　　　　B. x=x*y+z

C. x=x*(y+z)　　　　D. x=x+y*z

二、阅读程序,找出程序中的错误,并调试运行。

1. 指出以下程序中的错误:

```
#include <stdio.h>
main()
{
    int isum=0;
    isum=ifirst+10;
    int ifirst=20;
    printf("isum=%d",isum);
    getch();
}
```

2. 指出以下程序中的错误:

```
#include <stdio.h>
main()
{
    int isum=0;
    scanf(" %d",isum);
    printf("isum=%f",isum);
    getch();
}
```

3. 指出以下程序中的错误：

```
#include <stdio.h>
main()
{
    float fa = 0;
    scanf(" %f",&fa);
    fa = fa * 10;
    printf(" %d",fa);
    getch();
}
```

三、编程题

1. 求一个长方形草坪的面积，要求草坪的长和宽都从键盘输入。

提示：

(1) 声明两个浮点型变量 length、width，分别用于表示长方形草坪的长和宽；

(2) 声明浮点型变量 area，用于表示草坪的面积；

(3) 从键盘上输入 length、width 的值；

(4) 计算长方形草坪的面积；

(5) 输出 area 的值。

2. 一位同学期中考试中文 60 分，地理 90 分，他想要是能换过来就好了，怎么换呢？

提示：

(1) 分析数据交换，怎样进行？需要借助中间变量；

(2) 定义变量 ichina 和 iearth，用于分别存放中文和地理成绩，中间变量 itemp；

(3) 两项成绩赋值；

(4) 借助中间变量 itemp 进行交换。

3. 从键盘上输入一个三位整数(100—999)，分别输出它的百位、十位和个位数的数值。

提示：

(1) 声明整型变量 num，用来存放三位整数；

(2) 声明整型变量 a、b、c，用来分别存放 num 的百位、十位和个位数的数值；

(3) 使用“/”、“%”运算，计算出 a、b、c 的值。

任务三　计算球体的周长与体积

行动目标：

- ∨ 区分常量与变量，掌握符号常量的使用
- ∨ 能够根据实际情况选用适当的数据类型，比如长整型、浮点型等
- ∨ 掌握算术运算和赋值运算的运算法则，能够利用表达式完成计算

【任务描述】

在生活中会接触到很多球形的物体，例如足球、篮球、乒乓球、网球等，这些都是生活中最常见的。编写一个计算球体体积的C程序，实现从键盘输入球体的半径，计算并输出该球体的体积。

通过这个任务，大家将掌握符号常量的使用方法，进一步熟练使用算术运算符表达式。

【任务分析】

首先，要知道球形体的周长公式：$2\times\pi\times r$，体积公式：$\frac{4}{3}\times\pi\times r^3$。

和任务二类似，本任务也可以拆分成3个子任务，任务1是完成输入功能，即将球体的半径存储到计算机中；任务2是计算周长与体积；任务3是在屏幕上输出计算结果。具体流程如图3-1所示：

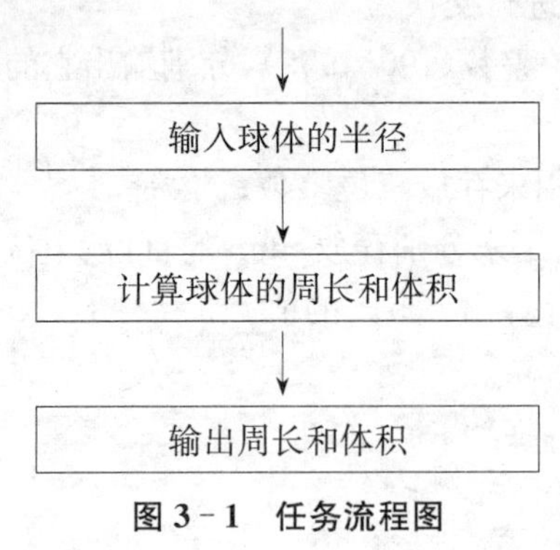

图3-1　任务流程图

【任务实施】

3.1 方案1

按照项目流程图，可以编写出程序如下：

```
#include "stdio.h"
main()
{
    float radius = 0;          /* 半径 */
    float circum = 0;          /* 周长 */
    float volume = 0;          /* 体积 */
    printf("please enter radius:\n");
    scanf(" %f",&radius);
    circum = 2 * 3.1415926 * radius;
    volume = 4.0 /3 * 3.1415926 * radius * radius * radius;
    printf("circum = %f,volume = %f", circum,volume);
    getch();
}
```

1. 程序中的常量

常量是在程序运算过程中不变的量。常量在程序中经常直接出现。在上面的程序中，radius、length、volume是定义的浮点型变量，3.1415926、4.0是浮点型常量，2、3是整型常量，“please enter radius:”是字符串，‘\n’是特殊字符。可见对应各种数据类型，有整型常量、浮点型常量、字符型常量、字符串常量及特殊字符常量。

在C语言中，整型常量是一个整数，它可以为正也可以为负。

浮点型常量（又称实型常量）必须至少含有一个数字和小数点。它可以为正也可以为负。

字符型常量是用单引号括起来的单个字符、单个数字或者单个特殊字符，例如：‘A’、‘1’、‘\n’等，一个字符型常量中最多只能存储一个字符，其长度为1。

字符串是用双引号括起来的多个字符，例“hello，world”。

此外，C语言提供了一些特殊字符常量，称为“转义字符”，即反斜线后面跟一个字符或一个代码值表示。例如：‘\n' 代表换行符。转义字符将在后面的项目中深入学习。

2. 常量与变量的区别

常量：在程序执行过程中，其值不发生改变的量称为常量。

变量：在程序执行过程中，其值可变的量称为变量。

在程序中，常量是可以直接引用的，而变量则必须先声明后使用。

常量与变量的本质区别，在于程序中的常量不占用任何存储空间，编译后不再更改。而变量在程序运行时可以随时改变,定义变量时,要先给变量分配存储单元,变量名对应一段存储空间。程序要先定义变量的类型,决定占用的内存空间,才能通过变量对内存修改、存取。

3. 项目方案1中存在的问题

在上面的程序中,多次出现了π值3.1415926,如果想修改π值时要逐个修改,现有的程序不是科学的解决方案。遇到这样的问题,可以引入一个符号常量来优化上面的程序。

3.2 方案2:符号常量的使用

C语言中,常用一个标识符来代表一个常量,称为符号常量。符号常量在使用之前要先定义,定义格式如下:

```
#define  符号常量名  常量
```

其中,符号常量名用于标识符,习惯上用大写字母,常量可以是数字常量,也可以是字符。

例如:#define PI 3.1415926

引入符号常量的好处有:

(1) 使用符号常量可以将复杂的常量定义为简明的符号常量,使得书写简单,而且不易出错。

(2) 便于修改程序,如程序中圆周率的精度要提高,只要修改符号常量的定义,而不需修改程序中每个出现圆周率的地方。

(3) 由于符号常量通常具有明确的含义,一见符号常量便可知道所表示的常量意义,可增加可读性和移植性。

现在把上面的程序改写如下:

```
# include "stdio.h"
# define PI 3.1415926
main()
{
    float radius = 0;       /* 半径 */
    float circum = 0;       /* 周长 */
    float volume = 0;       /* 体积 */
    printf("please enter radius:\n");
    scanf(" %f",&radius);
    circum = 2 * PI * radius;
    volume = 4.0 /3 * PI * radius * radius * radius;
    printf("circum = %f,volume = %f", circum,volume);
    getch();
}
```

符号常量一旦定义后，不能在程序中进行赋值。例如：在上面的程序中不能再给符号常量 PI 重新赋值。

符号常量实际上是一个宏定义命令，通过这个宏定义将常量定义为一个符号常量。在 C 语言程序中用符号常量代替常量，在编译时首先将符号常量被所定义的常量替换后才进行编译，这个过程称为宏替换。

【知识拓展】

1. C 语言的数据类型

在 C 语言中，数据类型可分为：基本数据类型、构造数据类型、指针类型、空类型四大类，具体见图 3－2：

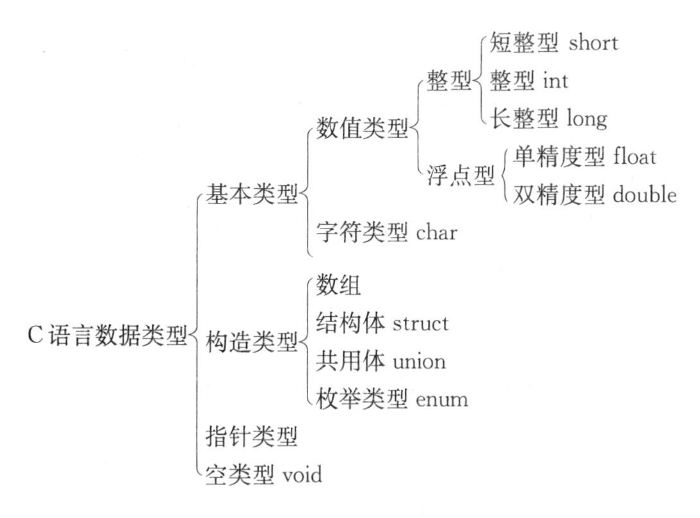

图 3－2　C 语言数据类型

(1)基本数据类型

基本数据类型最主要的特点是，其值不可以再分解为其他类型。C 语言中的基本数据类型有字符型 char、整型 int、短整型 short int、长整型 long int、无符号型 unsigned、无符号长整型 unsigned long 、单精度实型 float、双精度实型 double。

基本类型的分类及特点：

类型说明符	所占字节	数的范围
√ 字符型 char	1	$-2^{7}\sim(2^{7}-1)$
√ 基本整型 int	2	$-2^{15}\sim(2^{15}-1)$
√ 短整型 short int	2	$-2^{15}\sim(2^{15}-1)$
√ 长整型 long int	4	$-2^{31}\sim(2^{31}-1)$
√ 无符号型 unsigned int	2	$0\sim(2^{16}-1)$
√ 无符号长整型 unsigned long	4	$0\sim(2^{32}-1)$
√ 单精度实型 float	4	$10^{-37}\sim10^{38}$
√ 双精度实型 double	8	$10^{-307}\sim10^{308}$

(2) 构造数据类型

构造数据类型是根据已定义的一个或多个数据类型用构造的方法来定义的。也就是说，一个构造类型的值可以分解成若干个“成员”或“元素”。每个“成员”都是一个基本数据类型或又是一个构造类型。在C语言中，构造类型有：数组类型、结构类型、联合类型。

(3) 指针类型

指针是一种特殊的，同时又是具有重要作用的数据类型。其值用来表示某个量在内存储器中的地址。

(4) 空类型

在调用函数值时，通常应向调用者返回一个函数值。这个返回的函数值是具有一定的数据类型的，应在函数定义及函数声明中说明。但是，也有一类函数，调用后并不需要向调用者返回函数值，这种函数可以定义为“空类型”。其类型说明符为void。

2. 浮点型数据的表示方法

C语言中的浮点数有两种表示形式：

(1) 十进制小数形式

它由数字和小数点组成(注意必须有小数点)，例如：0.123、123.、123.0、0.0都是十进制小数形式。

(2) 指数形式

例如：123e3、123E3都代表$123*10^3$。

注意字母e(或E)之前必须有数字，且e后面的指数必须为整数，如e3、2.1e3.5、e等都不是合法的指数形式。

一个浮点数可以有多种指数表示形式。例如123.456e0、12.3456e1、1.23456e2、0.123456e3、0.0123456e 4、0.00123456e5等。其中的1.23456e2称为“规范化的指数形式”。即在字母e(或E)之前的小数部分中，小数点左边应有一位(且只能有一位)非零的数字。例如2.3478e2、3.099E5、6.46832E12都属于规范化的指数形式，而12.908e10、0.4578E3、756e0则不属于规范化的指数形式。一个浮点数在用指数形式输出时，是以规范化的指数形式输出的。例如：若指定将实数5689.65按指数形式输出，输出的形式是5.68965e+003。

【小组讨论与呈现作业】

一、程序阅读题，指出程序中的错误，并调试运行。

```
#include "stdio.h"
#define PI 3.14159
#define RI 5.5
main()
{
    float fs = 0;
    RI = 6;
```

```
    fs = PI * RI * RI;
    printf("Area = %f",fs);
    getch();
}
```

二、编程题

1. 编写程序，求一个圆的面积，圆的半径要求从键盘输入。要求定义符号常量 PI＝3.1415926。

2. 已知三角形三边，编写程序求三角形面积。

提示：

(1) 如果三角形的三个边长分别是 a,b,c，则面积 A 的计算方法是：

$$S=\frac{a+b+c}{2}$$

$$A=\sqrt{S(S-a)(S-b)(S-c)}$$

注意在 C 程序中如何表达这些数学表达式。

(2) 在程序中将使用 sqrt()开平方根函数，要在程序中包含“math.h”文件。

任务四　制作日历

行动目标：

- √ 掌握转义字符的使用方法，能够根据实际情况选用适当的转义字符
- √ 能够使用输出函数编写简单的界面

【任务描述】

设计并制作当月的日历。通过这个任务，大家将熟练掌握输出函数和转义字符的使用方法。

【任务分析】

我们可以先在纸上画出当月的日历，然后再使用输出函数分行输出。

【任务实施】

4.1　设计日历的样式

```
|==============2012-09==============|
|   SUN MON TUE WED THU FRI SAT     |
|                             1     |
|     2   3   4   5   6   7   8     |
|     9  10  11  12  13  14  15     |
|    16  17  18  19  20  21  22     |
|    23  24  25  26  27  28  29     |
|    30                             |
|===================================|
```

图4-1　日历

在上图的日历中一共有9行，即要使用9个printf()输出函数，每个printf()输出函数输出一行内容，其中：

第一行显示：

```
|==========2012-09=========|
```

第二行显示：

```
|     SUM MON TUE WED THU FRI SAT     |
```

第三行显示：

```
|                               1     |
```

第四行显示：

```
|     2   3   4   5   6   7   8      |
```

第五行显示：

```
|     9  10  11  12  13  14  15      |
```

第六行显示：

```
|    16  17  18  19  20  21  22      |
```

第七行显示：

```
|    23  24  25  26  27  28  29      |
```

第八行显示：

```
|    30                              |
```

第九行显示：

```
|==========================|
```

在每行的输出内容中，注意到：

(1) 每行中都包括一些要原样输出的字符，包括“|”、“=”、“2012-09”、英文星期、日期，以及空格等；

(2) 英文星期和日期是在指定位置显示的，并且是右对齐的。

这些是需要下一步来解决的问题。

4.2 制作日历

1. printf()函数的特殊用法：

printf()函数的调用格式为：

```
printf("格式化字符串",参量列表);
```

(1) 可以在“%”和字母之间插进数字控制数据显示宽度。

例如：

%3d，表示输出 3 位整型数，不够 3 位右对齐。

%9.2f，表示输出宽度为 9 的浮点数，其中小数位为 2，整数位为 6，小数点占一位，不够 9 位右对齐。

%8s，表示输出 8 个字符的字符串，不够 8 个字符右对齐。

如果字符串的长度或整型数位数超过显示宽度，将按数据的实际长度输出。对于浮点数，若整数部分位数超过了说明的整数位宽度，将按实际整数位输出，若小数部分位数超过了说明的小数位宽度，则按说明的宽度以四舍五入输出。

此外，若想在输出值前加一些0，就应在显示宽度前加个0。例如：

%04d，表示在输出一个小于4位的数值时，将在前面补0使其总宽度为4位。

(2) 可以控制数据输出左对齐或右对齐。

在“%”和字母之间加入一个“－”号可说明输出为左对齐，否则为右对齐。例如：

%－7d，表示输出7位整数左对齐。

%－10s，表示输出10个字符左对齐。

2. 转义字符

转义字符是一种特殊的字符常量。转义字符以反斜线“\”开头，后跟一个或几个字符。转义字符具有特定的含义，不同于字符原有的意义，故称“转义”字符。例如，在前面各例题printf()函数的控制字符串中用到的“\n”就是一个转义字符，其意义是“换行”。转义字符主要用来表示那些用一般字符不便于表示的控制代码，如表4－1所示。

表4－1 常见的转义字符表

转义字符	含 义	ASCII码
\n	换行符(LF)(将当前位置移到下一行开头)	10
\r	回车符(CR)	13
\t	水平制表符(HT)(跳到下一个tab位置)	9
\a	响铃(BEL)	7
\b	退格符(BS)(将当前位置移到前一列)	8
\f	换页符(FF)	12
\’	单引号	39
\”	双引号	34
\\	反斜杠“\”	92
\?	问号字符	63
\ddd	1到3位8进制数所代表的字符	
\xhh	1到2位16进制数所代表的字符	

广义地讲，C语言字符集中的任何一个字符均可用转义字符来表示。上表中的\ddd和\xhh正是为此而提出的。ddd和hh分别为八进制和十六进制的ASCII代码。如\101表示字‘A’，\102表示字母‘B’，\134表示反斜线，\XOA表示换行等。

最后，程序如下：

```
#include "stdio.h"
main()
{
   printf("|==========2012-09==========|\n");
   printf("|\t\b\b\b\b SUN MON TUE WED THU FRI SAT\t\b\b\b\b|\n");
   printf("|\t\b\b\b\b%4c%4c%4c%4c%4c%4c%4d\t\b\b\b\b|\n",' ',' ',' 
',' ',' ',' ',1);
```

```
    printf("|\t\b\b\b\b%4d%4d%4d%4d%4d%4d%4d\t\b\b\b\b|\n",2,3,
4,5,6,7,8);
    printf("|\t\b\b\b\b%4d%4d%4d%4d%4d%4d%4d\t\b\b\b\b|\n",9,10,
11,12,13,14,15);
    printf("|\t\b\b\b\b%4d%4d%4d%4d%4d%4d%4d\t\b\b\b\b|\n",16,
17,18,19,20,21,22);
    printf("|\t\b\b\b\b%4d%4d%4d%4d%4d%4d%4d\t\b\b\b\b|\n",23,
24,25,26,27,28,29);
    printf("|\t\b\b\b\b%4d%4c%4c%4c%4c%4c%4c\t\b\b\b\b|\n",30,' ',' 
',' ',' ',' ',' ');
    printf("|===========================|\n");
    getch();
  }
```

【知识拓展】

1. getchar()、putchar 和 getch()的用法

(1) getchar()函数

getchar()函数是从键盘上读入一个字符,并带回显。getchar()函数只能接受单个字符,输入数字也按字符处理。输入多于一个字符时,只接收第一个字符。

getchar()函数的调用格式为:

```
getchar();
```

(2) putchar()函数

功能:将一个字符输出到标准输出设备。

格式:putchar(字符常量或字符变量)

(3) getch()函数

getch()函数是从键盘读取一个字符,不显示在屏幕上。该函数经常用于交互输入的过程中完成暂停功能。

注意:使用 getchar()、putchar()和 getch()这三个函数前必须包含文件“stdio. h”。

例如:

```
#include"stdio.h"
main()
{
   char c;
   c=getchar();        /* 从键盘读入字符直到回车结束 */
```

```
    putchar(c); /* 显示输入的第一个字符 * /
    getch(); /* 等待按任一健 * /
}
```

【小组讨论与呈现作业】

一、选择题

1. printf()函数中用到格式符%5s，其中数字5表示输出的字符串占用5列。如果字符串长度大于5，则输出按方式(　　)；如果字符串长度小于5，则输出按方式(　　)。

A. 从左起输出该字符串，右补空格

B. 按原字符长从左向右全部输出

C. 右对齐输出该字符串，左补空格

D. 输出错误信息

2. putchar()函数可以向终端输出一个(　　)。

A. 整型变量表达式值　　B. 实型变量值

C. 字符串　　D. 字符或字符型变量值

3. 执行下列程序片段时输出结果是(　　)。

```
float x = - 1023.012
printf("\n %8.3f,",x);
printf(" %10.3f",x);
```

A. 1023.012，-1023.012　　B. -1023.012，-1023.012

C. 1023.012，-1023.012　　D. -1023.012， -1023.012

二、程序阅读题

1. 写出下面程序的运行结果

```
#include "stdio.h"
main()
{
    int i,j;
    i = 10,j = 10;
    printf(" %d\n %d\n",i,j);
    i = i + 5,j = j - 5;
    printf(" %d\n %d\n",i,j);
    getch();
}
```

2. 写出以下程序运行的结果。

```
#include "stdio.h"
main()
{
    char c1 = 'a',c2 = 'b',c3 = 'c',c4 = '\101',c5 = '\116';
    printf("a%c b%c\t c%c \t abc\n",c1,c2,c3);
    printf("\t\b %c%c",c4,c5);
    getch();
}
```

三、编程题

1. 用 * 号输出字母 C 的图案。

提示:可先用 * 号在纸上写出字母 C,再分行输出。

2. 调试下面的程序,分析运行结果。

```
#include "stdio.h"
main()
{
    char a = 176,b = 219;
    printf(" %c%c%c%c%c\n",b,a,a,a,b);
    printf(" %c%c%c%c%c\n",a,b,a,b,a);
    printf(" %c%c%c%c%c\n",a,a,b,a,a);
    printf(" %c%c%c%c%c\n",a,b,a,b,a);
    printf(" %c%c%c%c%c\n",b,a,a,a,b);
    getch();
}
```

第一部分:程序设计入门　常犯错误 14 例

扫一扫可见

第二部分

程 序 设 计 三 大 流 程 结 构

任务五　密码翻译任务

行动目标：

- √ 理解流程图的使用
- √ 熟练掌握顺序结构的应用
- √ 掌握 ASCII 码的转换

【任务描述】

在情报传递过程中，为了防止情报被截获，往往需要对情报用一定的方式加密，简单的加密算法虽然不足以完全避免情报被破译，但仍然能防止情报被轻易地识别。现在给出一种最简单的加密方法，对给定的一个字符串，把大写字母转换成规定的小写字母输出。例如，A 转换成 c，B 转换成 d……现在请把密文“LOVE”按约定转换成小写字母输出。

【任务分析】

完成本任务包括 4 个子任务，任务 1 分析程序绘制流程图，掌握程序执行顺序；任务 2 要根据流程图设计变量；任务 3 利用 ASCII 码将大写字母转换成小写字母；任务 4 要在屏幕上显示转换后的小写字母，具体流程图如下图 5－1 所示：

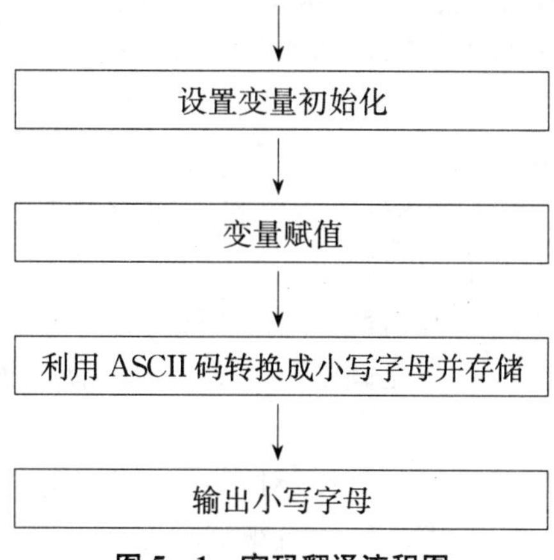

图 5－1　密码翻译流程图

【任务实施】

5.1　任务1:如何绘制流程图

要完成一项工作,包括描述过程和实现过程两个部分。例如,作曲家创作一首乐谱就是"描述过程",但它仅仅是一个乐谱,并没有变成真正的音乐。而作曲家的目的是希望人们听到悦耳的音乐。当演奏家把乐谱真正演奏时就是"实现过程"部分。描述的目的是为了更好地实现程序。在C语言中描述算法可以有多种不同的工具,采用不同的算法描述工具对算法的质量有很大的影响,下面介绍两种常用的算法工具。

1. 流程图

流程图是一种流传很广的算法描述工具,它是一种用规定的图形、指向线及文字说明来准确表示算法的图形,具有直观、形象的特点。

流程图的表示如下:

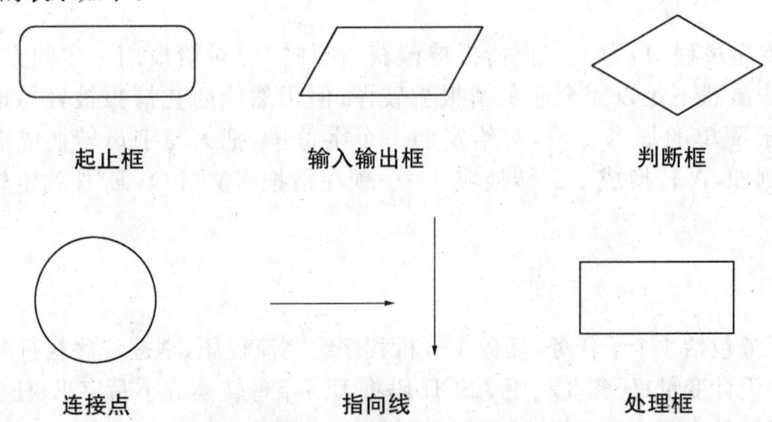

起止框:表示算法的开始和结束。一般内部只写"开始"或"结束"。

处理框:表示算法的某个处理步骤,一般内部常常填写赋值操作。

输入输出框:表示算法请求输入输出需要的数据或算法将某些结果输出。一般内部常常填写"输入……","显示……","打印……"等信息。

判断框:作用主要是对一个给定条件进行判断,根据给定的条件是否成立来决定如何执行其后的操作。它有一个入口,两个出口。

连接点:用于将画在不同地方的流程线连接起来。同一个编号的点是相互连接在一起的,实际上同一编号的点是同一点,只是画不下才分开画。使用连接点,还可以避免流程线的交叉或过长,使流程图更加清晰。

流程图的作用就像写文章先列提纲一样,对程序的结构作全局性的安排,先做什么,后做什么,将程序的先后次序、执行步骤用框图直观清晰地表示出来。

一个流程图包括以下几个部分:

➢ 表示相应操作的框
➢ 带箭头的流程线
➢ 框内外必要的文字说明

例如：从键盘输入一个数字，将其乘 2 倍后输出。其流程图如图 5－2 所示：

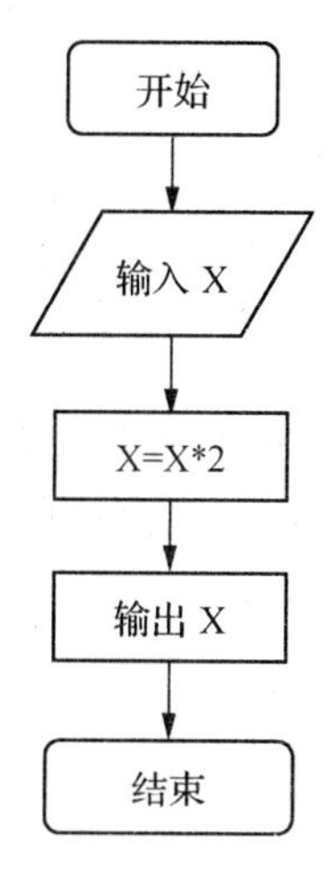

图 5－2 X 乘 2 倍后输出的流程图

画流程图时要注意：(1) 要使用标准的流程图符号；(2) 流程图一般按从上到下，从左到右的顺序画；(3) 大多数流程图的符号只有一个进入点和一个退出点，而判断框是具有超过一个退出点的唯一符号。

2. N－S 图

灵活的流程线是程序中隐藏错误的祸根。针对这一弊病，1973 年，美国学者 I. Nassi 和 B. Shneiderman 提出了一种新的流程图形式，称为 N－S 图。这种流程图，完全去掉了带箭头的流程线。全部算法写在一个矩形框内，在该框内还可以包含其他的从属关系的框，或者说，由一些基本的框组成一个大的框。这种流程图适合于结构化程序设计，从而很受开发人员的欢迎。

N－S 图的每一种基本结构都是一个矩形框，整个算法可以像搭积木一样堆成。

本次任务流程图如图 5－3 所示：

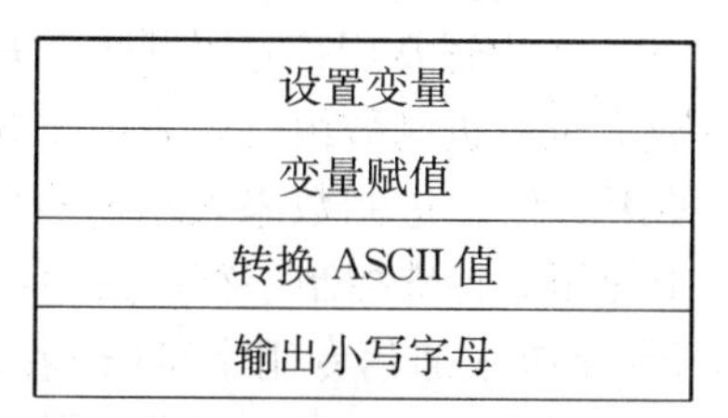

图 5－3 密码翻译 N－S 流程图

5.2 任务 2：根据流程图设置变量

通过刚才的流程图可以了解到本次任务的执行是从上而下依次执行，这种结构称为顺序结构。

语法格式如下：

```
……
语句 1;
语句 2;
语句 3;
……
```

通过流程图可以知道“LOVE”这个单词需要设置 4 个变量进行逐一翻译，现在可以利用以往所学设置变量 char ch1，ch2，ch3，ch4 并分别进行赋值。

```
char  ch1,ch2,ch3,ch4;
ch1 = 'L';
ch2 = 'O';
ch3 = 'V';
ch4 = 'E';
```

5.3 任务 3：利用 ASCII 将大写字母转换成小写字母

在这个任务当中要想把大写字母转换成小写字母，就要借助 ASCII 了。那什么是 ASCII 呢？

在计算机中，所有的数据在存储和运算时都要使用二进制数表示(因为计算机用高电平和低电平分别表示 1 和 0)。例如，像 a、b、c、d 这样的 52 个字母(包括大写)以及 0、1 等数字还有一些常用的符号(例如 *、#、@等)在计算机中存储时也要使用二进制数来表示，具体用哪些二进制数字表示哪个符号，当然每个人都可以约定自己的一套(这就叫编码)，而大家如果要想互相通信而不造成混乱，那么大家就必须使用相同的编码规则，于是美国有关的标准化组织就出台了所谓的 ASCII 编码，统一规定了上述常用符号用哪些二进制数来表示。

ASCII 码使用指定的 7 位或 8 位二进制数组合来表示 128 或 256 种可能的字符。标准 ASCII 码也叫基础 ASCII 码，使用 7 位二进制数来表示所有的大写和小写字母，数字 0 到 9、标点符号，以及在美式英语中使用的特殊控制字符。其中：

0～31 及 127(共 33 个)是控制字符或通信专用字符(其余为可显示字符)，如控制符：LF(换行)、CR(回车)、FF(换页)、DEL(删除)、BS(退格)、BEL(振铃)等；通信专用字符：SOH(文头)、EOT(文尾)、ACK(确认)等；ASCII 值为 8、9、10 和 13 分别转换为退格、制表、换行和回车字符。它们并没有特定的图形显示，但会依不同的应用程序，而对文本显示有不同的影响。

32～126(共 95 个)是字符(32sp 是空格)，其中 48～57 为 0 到 9 十个阿拉伯数字。

65～90 为 26 个大写英文字母，97～122 号为 26 个小写英文字母，其余为一些标点符号、运算符号等。

那现在回到任务当中，通过表 6－4 ASCII 表(详见本单元拓展知识 5.5)，不难看出，ASCII 中从 65 直到 90 对应的是大写字母 A～Z，从 97 直到 122 对应的是小写字母 a～z。并且每一个小写字母的十进制 ASCII 码值比与其相对应的大写字母 ASCII 码值大 32，所以只要将大写字母的 ASCII 值加上 32,即可得到与其对应的小写字母的 ASCII 值。现在结合本任务,情报加密不但要把大写转换成小写,同时还要变成相对应的小写字母后二位的字母,例如“A”→“c”需要在原有 ASCII 值 65 的基础上加上 34 后得到 99,才能变成与其相对应的小写字母 c。现在可以通过该方法将任务中字符串“LOVE”转换成约定的小写字母。

```
ch1 = ch1 + 34;    /* L→n* /
ch2 = ch2 + 34;    /* O→q* /
ch3 = ch3 + 34;    /* V→x* /
ch4 = ch4 + 34;    /* E→g* /
```

5.4　任务 4:输出转换后的小写字母

在这次的任务中,可以利用以往所使用 printf()函数输出变量 ch 的值,就可以实现了。

```
printf(" %c %c %c %c",ch1,ch2,ch3,ch4);
```

运行结果如下:

nqxg

该任务的实施代码如下:

```
main()
{
   char ch1,ch2,ch3,ch4;
   ch1 = 'L';
   ch2 = 'O';
   ch3 = 'V';
   ch4 = 'E';
   ch1 = ch1 + 34;
   ch2 = ch2 + 34;
   ch3 = ch3 + 34;
   ch4 = ch4 + 34;
   printf(" %c %c %c %c",ch1,ch2,ch3,ch4);
   getch();
}
```

【知识拓展】

ASCII表

表5-1 ASCII字符表

高四位		ASCII非打印控制字符									
		0000					0001				
		0					1				
低四位		十进制	字符	ctrl	代码	字符解释	十进制	字符	ctrl	代码	字符解释
0000	0	0	BLANK NULL	^@	NUL	空	16	►	^P	DLE	数据链路转意
0001	1	1	☺	^A	SOH	头标开始	17	◄	^Q	DC1	设备控制 1
0010	2	2	☻	^B	STX	正文开始	18	↕	^R	DC2	设备控制 2
0011	3	3	♥	^C	ETX	正文结束	19	‼	^S	DC3	设备控制 3
0100	4	4	◆	^D	EOT	传输结束	20	¶	^T	DC4	设备控制 4
0101	5	5	♣	^E	ENQ	查询	21	§	^U	NAK	反确认
0110	6	6	♠	^F	ACK	确认	22	■	^V	SYN	同步空闲
0111	7	7	●	^G	BEL	震铃	23	↨	^W	ETB	传输块结束
1000	8	8	◘	^H	BS	退格	24	↑	^X	CAN	取消
1001	9	9	○	^I	TAB	水平制表符	25	↓	^Y	EM	媒体结束
1010	A	10	◙	^J	LF	换行/新行	26	→	^Z	SUB	替换
1011	B	11	♂	^K	VT	竖直制表符	27	←	^[	ESC	转意
1100	C	12	♀	^L	FF	换页/新页	28	∟	^\	FS	文件分隔符
1101	D	13	♪	^M	CR	回车	29	↔	^]	GS	组分隔符
1110	E	14	♫	^N	SO	移出	30	▲	^6	RS	记录分隔符
1111	F	15	☼	^O	SI	移入	31	▼	^-	US	单元分隔符

高四位		ASCII 打印字符												
		0010		0011		0100		0101		0110		0111		
		2		3		4		5		6		7		
低四位		十进制	字符	十进制	字符	十进制	字符	十进制	字符	十进制	字符	十进制	字符	ctrl
0000	0	32		48	0	64	@	80	P	96	`	112	p	
0001	1	33	!	49	1	65	A	81	Q	97	a	113	q	
0010	2	34	"	50	2	66	B	82	R	98	b	114	r	
0011	3	35	#	51	3	67	C	83	S	99	c	115	s	
0100	4	36	$	52	4	68	D	84	T	100	d	116	t	
0101	5	37	%	53	5	69	E	85	U	101	e	117	u	
0110	6	38	&	54	6	70	F	86	V	102	f	118	v	
0111	7	39	'	55	7	71	G	87	W	103	g	119	w	
1000	8	40	(	56	8	72	H	88	X	104	h	120	x	
1001	9	41	)	57	9	73	I	89	Y	105	i	121	y	
1010	A	42	*	58	:	74	J	90	Z	106	j	122	z	
1011	B	43	+	59	;	75	K	91	[	107	k	123	{	
1100	C	44	,	60	<	76	L	92	\	108	l	124	|	
1101	D	45	-	61	=	77	M	93	]	109	m	125	}	
1110	E	46	.	62	>	78	N	94	^	110	n	126	~	
1111	F	47	/	63	?	79	O	95	_	111	o	127	Δ	^Back space

【小组讨论与呈现作业】

一、选择题

1. 下列叙述中,正确的一条是(　　)。

A. 一个字符的标准ASCII码占一个字节的存储量,其最高位二进制总为0

B. 大写英文字母的ASCII码值大于小写英文字母的ASCII码值

C. 同一个英文字母(如字母A)的ASCII码值和它在汉字系统下的全角内码值是相同的

D. 一个字符的ASCII码与它的内码是不同的

2. 已知大写字母A的ASCII码是65,小写字母a的ASCII码是97,则用八进制表示的字符常量'\101'是(　　)。

A. 字符A　　B. 字符a　　C. 字符e　　D. 非法常量

3. 下列选项不属于C语句的是(　　)。

A. ;　　B. a=17　　C. i+5　　D. &&

4. 下列四个叙述中,正确的是(　　)。

A. C语言中的所有字母都必须小写

B. C语言中的关键字必须小写,其他标示符不区分大小写

C. C语言中的所有字母都不区分大小写

D. C语言中的所有关键字必须小写

5. 若有定义:char c='\010';则变量c中包含的字符个数为(　　)。

A. 1　　B. 2　　C. 3　　D. 错误

6. 已知字母 A 的 ASCII 码为十进制的 65，下面程序的输出是(　　)。

```
main()
{
   char ch1,ch2;
   ch1 = 'A' + '5' - '3';
   ch2 = 'A' + '6' - '3';
   printf(" %d, %c\n",ch1,ch2);
}
```

A. 67,D　　B. 不确定的值　　C. C,D　　D. B,C

7. 有以下程序：

```
#include  "stdio.h"
main()
{
   char c1,c2;
   c1 = 'A' + '8' - '4';
   c2 = 'A' + '8' - '5';
   printf(" %c, %d\n",c1,c2);
}
```

已知字母 A 的 ASCII 码为 65，程序运行后的输出结果是(　　)。

A. E,68　　B. D,69　　C. E,D　　D. 输出无定值

8. 已知字母 A 的 ASCII 码为十进制数 65，且 c2 为字符型，则执行语句 c2＝'A'＋'6'－'3'后，c2 中的值为(　　)。

A. D　　B. 68　　C. 不确定的值　　D. C

二、编程题

1. 编写摄氏温度与华氏温度的换算程序，并画出 N－S 流程图。实现：用户输入温度数值并指明该数值表示摄氏(C)还是华氏温度(F)，程序将根据不同的输入(摄氏或华氏)进行不同的换算。例如：如果用户输入 40.2 C，程序将输出 104.36 F；如果用户输入 104.36 F，程序输出 40.2 C。

提示：换算公式如下：摄氏温度$=\frac{5}{9}$(华氏温度－32)。

2. 从键盘输入一个小写字母，要求用大小写字母形式输出该字母及对应的 ASCII 码值。

提示：小字母字在原有大写字母的 ASCII 码值的基础上－32 输出。

任务六　登陆验证任务

行动目标：

- √ 掌握关系运算符、关系表达式、逻辑运算符及逻辑表达式
- √ 熟练掌握选择结构单分支和双分支语句的语法结构
- √ 掌握条件运算符及其应用

【任务描述】

小明使用C语言开发了一个网站，现在要进行登陆功能的验证，如果在键盘输入“Y”或“y”，说明用户输入信息正确，就提示用户“Welcome to here.”否则说明输入信息有误，显示“Sorry.”。

【任务分析】

以往我们所学的内容都是顺序结构语句，即程序由上到下顺序执行。但在本次任务中，出现了新的情况，现在对用户输入的信息进行两种情况的判断。根据用户输入内容的不同要选择执行不同的语句，这样的情况应使用分支结构。

完成本任务包括3个子任务，任务1根据流程图设计变量；任务2获取输入信息并赋值；任务3根据变量的值进行二选一判断并输出相对应信息。具体流程图如下图6－1所示：

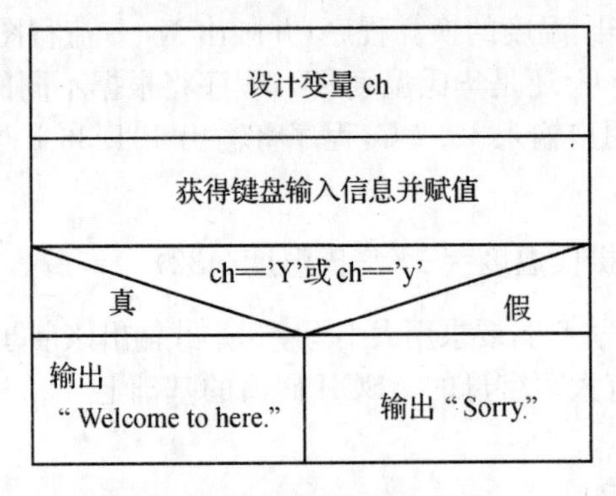

图6－1　销售提成N－S图

【任务实施】

6.1　任务 1：根据流程图设计变量

本次任务是要完成登陆的验证，因此要从键盘输入信息进行判断。想要得到用户输入的信息，就要定义一个变量来存储用户输入信息，同时要给出友好性的提示语句让用户了解输入的格式或用途。

```
char ch;
printf("请输入登陆密码")
```

6.2　任务 2：获取输入信息并赋值

获取信息可以采用以往所学，利用 getchar()函数或 scanf()函数。现给出两种方式，大家可以根据自己的需要任用一种。

(1) ch=getchar()；

(2) scanf(“%c”,&ch)；

6.3　任务 3：二选一判断并输出相对应的信息

从上面的例子中分析可以看出，本任务在执行时，需要根据变量存储的信息进行选择性判断，如果 ch 的值是“Y”或“y”，选择输出“Welect to here.”。如果 ch 的值不是“Y”或“y”，选择输出“Sorry.”。这种通过条件来决定往下执行哪条语句的流程称为选择结构（分支结构）。

6.3.1　基本 if 语句格式

语法格式：

```
if(表达式)
{
   语句;
}
```

该语句的执行过程如图 6-2 所示：先判定或计算表达式的值，若结果为“真”（非 0），则执行指定的语句，否则跳出该语句，接着执行下面的语句。如：

```
if(a>b)printf(" %d",a)
```

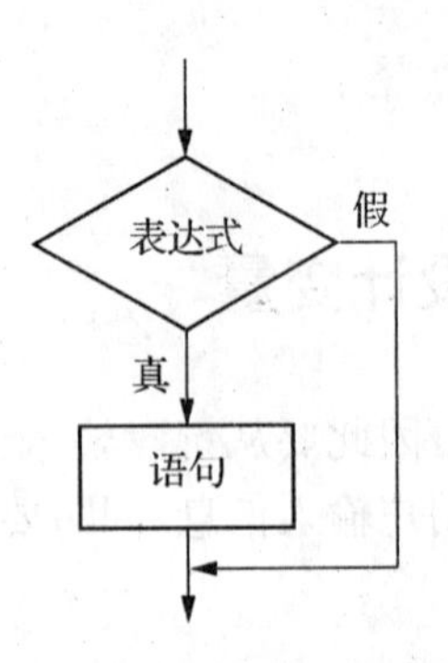

图 6-2　if 单分支流程图

注意：if 结构后的花括号并非必须，if 结构后的花括号实际上是个“块语句”，如果没有花括号，则程序默认的“块语句”只包含紧跟在 if 后的一条语句。例如：

```
(1)if(a>b)
   {
      printf("a\n");
      printf("b\n");
   }
```

和

```
(2)if(a>b)
      printf("a\n");
      printf("b\n");
```

如果 a>b 的表达式为真，则(1)(2)会有相同显示 a↙b；如果 a>b 的表达式为假，则(1)不会有任何显示，而(2)会显示成 b。程序(2)里的第二条语句 printf(“b\n”)此时不受 if 结构的管辖，无论表达式的值如何，都会被执行。因此，最佳解决方案就是在 if 结构体确实只有一条的情况下，最好也把花括号加上。这样，在以后对程序进行改动时，可以有效防止出错。

6.3.2　关系运算符和关系表达式介绍

比较两个操作数大小的运算符称为关系运算符。例如 a > b 是比较 a 和 b 的大小，“>”是关系运算符。

关系运算符有 6 种，见表 6-1。

表 6－1　关系运算符

关系运算符	含　义	运算级别	
＜	小于	优先级相同	高 ↑ 低
＜＝	小于等于		
＞	大于		
＞＝	大于等于		
＝＝	等于	优先级相同	
!＝	不等于		

在表 6－1 中，其中前四种运算符（＜、＜＝、＞、＞＝）的优先级相同，且前四种（＜、＜＝、＞、＞＝）的优先级别高于后两种（＝＝、!＝）。但关系运算符的优先级低于算术运算符（＋、－、＊、/、%），高于赋值运算符（＝）。

由关系运算符连接起来的表达式就是关系表达式。在程序中，a ＞ b 就是关系表达式。还可以举出一些关系表达式的例子，例如：x ＞y＋z 、a!＝0、m＝＝n 和 4＞3 等。

关系表达式的值是一个逻辑值（“真”或“假”），在 C 语言中用“1”或“0”表示。例如，5＞0 的值为“真”，即表达式的值为 1；(a＝3)＞(b＝5)，由于 3＞5 不成立，因此，其表达式的值为假，即为 0。

6.3.3　逻辑运算符和逻辑表达式

C 语言提供三种逻辑运算符，见表 6－2。

表 6－2　逻辑运算符

逻辑运算符	含　义	运算级别
!	逻辑非	高 ↑ 低
&&	逻辑与	
||	逻辑或	

在逻辑表达式中，逻辑结果值是以“1”表示真，“0”表示假。然而在判断一个表达式是真还是假时，是以“0”作为假，以“非 0”作为真。

逻辑非（!）相当于日常用语中的“不是”，当参与运算量为真时，结果为假；参与运算量为假时，结果为真。例如！(5＞0)由于 5＞0 为真，非运算的结果为假。

逻辑与（&&）相当于日常用语中的“并且”、“和”，当参与运算的两个量都为真时，结果才为真，否则为假。例如 5＞0 && 4＞3 由于 5＞0 为真，4＞3 也为真，所以与的结果为真。

逻辑（||）相当于日常用语中的“或者”，参与运算的两个量只要有一个为真，结果就为真。两个量都为假时，结果为假。例如 5＞0 || 5＞8 由于 5＞0 为真，相或的结果也就为真。

注：在 C 语言中，“&&”和“||”被称为短路运算符，即在一个或多个“逻辑与”连接的表达式中，只要有一个操作数为 0，就不必做后面的逻辑与运算，整个表达式的值为 0。而由一个或多个“逻辑或”连接而成的表达式中，只要有一个操作数为非 0，就不需再进行后面的运算，则整个表达式的值为 1。

小明所在的班级要竞选班长，竞选的条件是要热爱班集体并且愿意为大家服务。在这个例子里就产生了两个条件，条件1要满足热爱班集体，条件2要满足愿意为大家服务。并且要同时满足这两个条件，缺一不可。这个例子就是一个逻辑与的关系。当表达式的两边都为真时才有竞选班长的可能。具体逻辑运算的规则见表6-3。

表6-3 逻辑运算的规则

A	B	! A	! B	A && B	A || B
真	真	假	假	真	真
真	假	假	真	假	真
假	真	真	假	假	真
假	假	真	真	假	假

6.3.4 常用运算符的优先级

C语言中的运算符有很多，例如：算术运算符、赋值运算符、关系运算符、逻辑运算符等，其优先级见表6-4常用运算符的优先级。

现在把本次任务概括成：如果(if)输入的密码(ch)等于“Y”或“y”，输出“Welcome to here.”。现在采用C语言中的单分支语句可以形象地写成：

```
if(ch=='Y'||ch=='y')
{
   printf("Welcome to here.");
}
```

表6-4 常用运算符的优先级

<table>
<tr><th>运算符</th><th>运算符类型</th><th>优先级</th></tr>
<tr><td>()</td><td>圆括号</td><td rowspan="11">高
↑
低</td></tr>
<tr><td>!</td><td>逻辑运算符</td></tr>
<tr><td>*、/、%</td><td>算术运算符</td></tr>
<tr><td>+、-</td><td>算术运算符</td></tr>
<tr><td><、<=、>、>=</td><td>关系运算符</td></tr>
<tr><td>==、!=</td><td>关系运算符</td></tr>
<tr><td>&&</td><td>逻辑运算符</td></tr>
<tr><td>||</td><td>逻辑运算符</td></tr>
<tr><td>=</td><td>赋值运算符</td></tr>
<tr><td>,</td><td>逗号运算符</td></tr>
</table>

6.3.5 双分支if语句结构

双分支的语句结构是在单分支的基础上再加上一种选择情况，如果…否则…(if...

else...）。语法格式如下：

```
if(表达式)
{
   代码段 1
}
else
{
   代码段 2
}
```

当程序运行到 if... else 时，首先计算关键字 if 后“表达式”的值，如果表达式的值为“真”（非 0），代码段 1 被执行，否则，else 关键字后的代码段 2 被执行。

和前面讲过的 if 结构类似，在 if... else 结构中，“if(表达式)”和 else 后面的代码段均为块语句，需要使用花括号将代码段包裹起来，如果只有一条语句，为避免不必要的错误也建议大家包裹起来。

本次任务中，如果密码输入不是“Y”或“y”，那么输出“Sorry.”，改成 C 语言的格式为：

```
if(ch=='Y'|| ch=='y')
{
    printf("Welcome to here.");
}
else
{
    printf("Sorry.")
}
```

本任务的参考代码如下：

```
main()
{
   char ch;
   printf("请输入登陆密码:");
   ch=getchar();
   if(ch=='Y'||ch=='y')
   {
      printf("Welcome to here.");
   }
   else
   {
```

```
        printf("Sorry.");
    }
    getch();
}
```

【知识拓展】

条件运算符和条件表达式

在条件语句中,当只执行单个赋值语句时,可以使用条件表达式来实现。条件运算符为“?”,它是一个三目运算符,即有3个参与运算的量。

由条件运算符组成的条件表达式的一般形式为:

```
表达式1?表达式2:表达式3
```

其求值规则为:如果表达式1的值为真,则以表达式2的值作为条件表达式的值,否则以表达式2的值作为整个条件表达式的值。例如:

```
if(a>b) max=a;
else max=b;
```

现在可以使用条件表达式将其改写为:

```
max=(a>b)?a:b;
```

该语句先执行(a＞b),当其结果为真时,把a赋值给max,否则将b赋值给max。

使用条件表达式时,还应该注意:

➢ 条件运算符的运算优先级低于关系运算符和算术运符,但高于赋值运算符。例如刚才的例子可以改写成max＝a＞b? a：b。

➢ 条件运算符“?”和“:”是一对运算符,不能分开单独使用。

➢ 条件运算符的结合方向是自右至左。例如:

a＞b? a：c＞d? c：d

应理解为a＞b? c：(c＞d? c：d)

这就是条件表达式的嵌套形式,即其中的表达式3又可以是另外一个条件表达式。

【小组讨论与呈现作业】

一、选择题:

1. 若要求在if后一对圆括号中表示a不等于0的关系,则能正确表示这一关系的表达式为(　　)。

A. a＜＞0　　　　B. !a　　　　C. a＝0　　　　D. a

2. 设 int x=1,y=1;则表达式(!x||y−−)的值是(　　)。

A. 0　　B. 1　　C. 2　　D. −1

3. 两次运行下面的程序,如果从键盘上分别输入 6 和 4,则输出结果是(　　)。

```
main( )
{ int x;
scanf(" %d",&x);
if(x + + >5) printf(" %d",x);
else             printf(" %d\n",x - - );     }
```

A. 7 和 5　　B. 6 和 3　　C. 7 和 4　　D. 6 和 4

4. 下面的程序(　　)。

```
main()
{ int x=3,y=0,z=0;
if(x=y+z)printf("* * * *");
else       printf("# # # #");}
```

A. 有语法错误不能通过编译。

B. 输出* * * *。

C. 可以通过编译,但是不能通过连接,因而不能运行。

D. 输出# # # #。

5. 为了避免在嵌套的条件语句 if... else... 产生二义性,C 语言中规定的 if... else 匹配原则是(　　)。

A. else 子句与所排位置相同的 if 配对

B. else 子句与其之前最近的 if 配对

C. else 子句与其之后最近的 if 配对

D. else 子句与同一行上的 if 配对

6. 若运行时给变量 x 输入 12,则以下程序的运行结果是(　　)。

```
#include <stdio.h>
main()
{    int x,y;
     scanf(" %d",&x);
     y=x>12 ? x+10 : x-12;
     printf(" %d\n",y);
}
```

A. 0　　B. 1　　C. 2　　D. 3

7. 能正确表示逻辑关系:“a≥10 或 a≤0”的C语言表达式是(　　)。

A. a＞＝10 or a＜＝0　　　　B. a＞＝0|a＜＝10

C. a＞＝10 &&a＜＝0　　　　D. a＞＝10‖a＜＝0

8. 设 a 为整型变量,不能正确表达数学关系 10＜a＜15 的C语言表达式是(　　)。

A. 10＜ a ＜ 15　　　　B. !(a＜＝10 || a＞＝15)

C. a＞10 && a＜15　　　　D. !(a＜＝10) && !(a＞＝15)

9. 运算符有优先级,在C语言中关于运算符优先级的正确叙述是(　　)。

A. 逻辑运算符高于算术运算符,算术运算符高于关系运算符

B. 算术运算符高于关系运算符,关系运算符高于逻辑运算符

C. 算术运算符高于逻辑运算符,逻辑运算符高于关系运算符

D. 关系运算符高于逻辑运算符,逻辑运算符高于算术运算符

10. 若有条件表达式(exp)? a＋＋:b－－,则以下表达式中能完全等价于表达式(exp)的是(　　)。

A. (exp＝＝0)　　　　B. (exp!＝0)

C. (exp＝＝1)　　　　D. (exp!＝1)

二、编程题:

1. 写出完整程序,并画出 N－S 流程图。实现“如果输入的价格 iprice 大于 200,则把 iprice 的值变为 50,并输出 iprice 的值到屏幕上”。

2. 期末考试查询C语言的考试成绩,从键盘输入一个成绩,判断是否大于 60 分,若大于则输出“成绩合格为:”,否则输出“成绩不合格为:”。

任务七　排列大小问题

行动目标：

- ✓ 灵活掌握流程图的使用
- ✓ 熟练掌握多分支 if 语句的语法结构
- ✓ 掌握条件运算符及其应用

【任务描述】

从键盘获取三个整数，编写一段程序能将三个整数中最大的数字输出。

【任务分析】

当两个数比较大小时，可以使用一个 if 语句实现。如果三个数要比较大小，可以先比较前两个数，找到其中的较大数，再将找到的较大数与第三个数比较，便可以找到最大数，此时需要使用两个 if 语句实现。

完成本任务包括 3 个子任务，任务 1 根据流程图声明 4 个变量 a，b，c，max，其中 a，b，c 分别存放三个数，max 存放第一次比较中的大数；任务 2 比较 a 和 b 的大小，大的数存到 max 中；任务 3 比较 max 和 c 的大小，输出大的数。具体流程图如下图 7－1 所示：

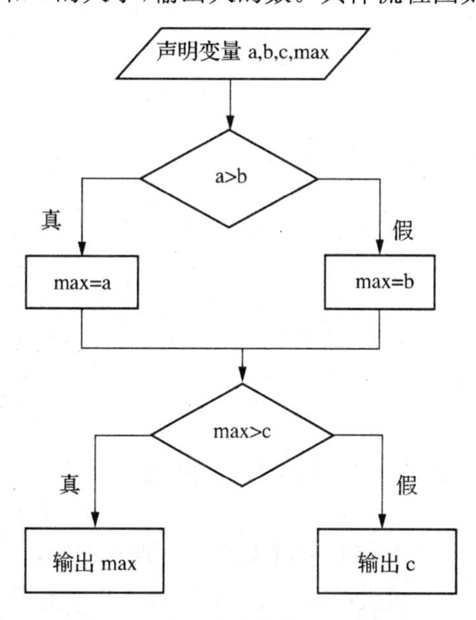

图 7－1　求三个数中最大数流程图

【任务实施】

7.1 任务1:设计变量获取输入数据并赋值

本次任务要比较三个数的大小,在过程中需要经过三次大小的比较,因此在变量的声明时,首先要考虑设计三个变量来存储三个从键盘中获取的数据,分别是a,b,c。另外,根据流程图了解到在a和b比较时要把较大的数存储在第四个变量中,所以在这里还要定义出第四个变量max。

```
int a,b,c,max;
printf("请输入第一个整数a:");
scanf("%d",&a);
printf("请输入第二个整数b:");
scanf("%d",&b);
printf("请输入第三个整数c:");
scanf("%d",&c);
```

7.2 任务2:先比较a和b的大小,大的数存到max中

首先用a和b比较。比较两个数的大小可以用以前所学的if双分支语句。如果(if)a大于b,那么把a的值赋值给max;反之,把b的值赋值给max。那么经过第一次的比较,无论是a大还是b大,max中存储的一定是两个数当中较大的数。

```
if(a>b)
{
    max = a;
}
else
{
    max = b;
}
```

7.3 任务3:比较max和c的大小,输出大的数

在刚才的任务2里,max已经存储了较大的数。现在只要还用任务2里的方法将max和c比较,就可以得到三个数中最大的数了。如果max比c大,说明max是三个数当中最大的数,直接输出max的值,否则就说明c是三个数当中最大的数,输出c的值。

```
if(max>c)
{
    printf(" %d",max);
}
else
{
    printf(" %d",c);
}
```

本任务的参考代码如下：

```
main()
{
    int a,b,c,max;
    printf("请输入第一个整数 a:");
    scanf(" %d",&a) ;
    printf("请输入第二个整数 b:");
    scanf(" %d",&b) ;
    printf("请输入第三个整数 c:");
    scanf(" %d",&c) ;
    if(a>b)
    {
        max = a;
    }
    else
    {
        max = b;
    }
    if(max>c)
    {
        printf(" %d",max);
    }
    else
    {
        printf(" %d",c);
    }
    getch();
}
```

想想看，还有没有其他的方法来处理呢？

【拓展任务】

股票涨跌问题。

【任务描述】

输入一只股票今天和昨天的收盘价，如果今天的收盘价大于昨天的收盘价，提示“上涨”；如果今天的收盘价小于昨天的收盘价，提示“下跌”；如果今天的收盘价刚好等于昨天的收盘价，提示“平盘”。

【任务分析】

现在这个任务和上一个任务略有区别。此次依然是两个数字比较，但这时要考虑两个数的比较会有几种情况：

① 昨天的收盘价 大于 今天的收盘价；

② 昨天的收盘价 等于 今天的收盘价；

③ 昨天的收盘价 小于 今天的收盘价。

因此，如果使用双分支语句已经不能满足这三种情况的判断。同时要考虑股票代码的输入还要符合实情，例如，股票的代码能否出现小于0的价格？股票的价格可以是负数吗？很显然，这种情况是不允许的。但如果在编写程序时有人输入了该怎么处理呢？这是要考虑的第四种情况。

为了满足上述的四种情况，可以把任务拆分成3个子任务，任务1输入昨天和今天的收盘价；任务2，验证输入的价格是否正确；任务3比较两个价格的大小，输出相应的提示信息。具体流程图如图7-2所示：

流程图的设计是只根据作者的思路设计的，并不代表任务的全部解决途径。每一道题都会有若干解决方式，大家可以根据自己的思路绘制流程图，本图只提供参考作用。

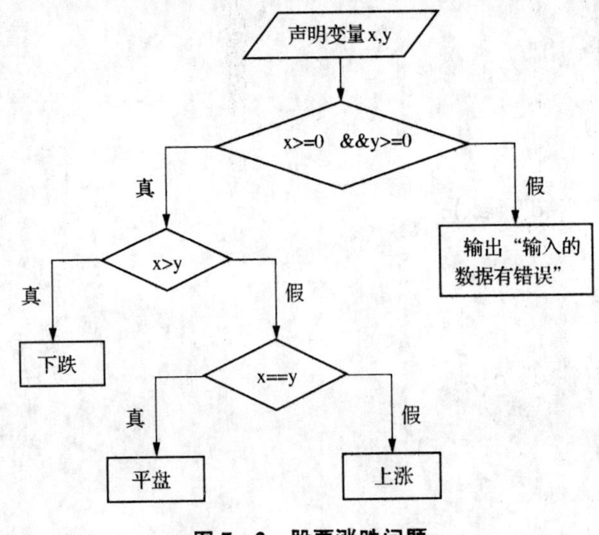

图7-2　股票涨跌问题

【任务实施】

7.4　任务 4:获取二次的价格

本次任务想知道某只股票是涨还是跌,就要先得到股票的昨天收盘价和今天的收盘价,因此,可以继续使用 scanf 来获取数据。在这里还要注意一下变量定义时的类型。股票的价格不会恰好是一个整数,多数情况下会产生小数,因此,在定义时最好将其设置成浮点型。

```
float x,y;
printf("请输入昨天的收盘价:");
scanf(" %f",&x) ;
printf("请输入今天的收盘价:");
scanf(" %f",&y) ;
```

7.5　任务 5:验证输入的价格是否正确

为减少错误的出现,保证程序的顺利执行,应该对用户输入的数据提前进行有效性验证。例如本次任务要求输入二次股票的价格进行比较,那么在比较之前应验证输入的价格是否是个有效数字(股票的价格应该是一个大于等于 0 的数)。

现在要求两个数必须同时满足大于等于 0 的条件,因此,应使用逻辑与“&&”来构成 if 中的表达式 x>=0 && y>=0,对于条件不满足时在 else 里也要给出友好性的提示语句。

```
if(x> = 0 && y> = 0)
{
   …
}
else
{
   printf("输入的数据有错误");
}
```

7.6　任务 6:比较二次收盘价格输出相应的提示信息

在这里想要得到二次收盘价格的比较结果,就要预想到这个结果会有三种可能,一种是昨天的收盘价大于今天的收盘价;第二种是昨天的收盘价等于今天的收盘价;最后一种是昨天的收盘价小于今天的收盘价。现在不再进行两种分支的选择,而要进行两种以上的多种分支的处理,因此需要用到 else if 形式。这是一种可以判断多种情况的选择语句,又称为多分支结构。

多分支结构语法格式如下：

```
if(表达式 1)  语句 1;
else if(表达式 2) 语句 2;
[else if(表达式 3) 语句 3;]
    ...
[else if(表达式 n) 语句 n;]
[else 语句  n+1;]
下一条语句
```

else if 的功能是：按表达式的顺序进行判断，最早值为真的表达式将执行其后相应的语句，并且不再继续判断其他条件，跳转到下一条语句执行。若全部表达式为假，则执行语句n+1。

else if 形式属于多分支结构。中括号[和]是描述高级语言语法的一种方式，中括号中的语句写与不写语法都是正确的。

现在使用 else if 的形式来解决本次任务。

```
if(x>y)
{
   printf("下跌");
}
else if(x==y)
{
   printf("平盘");
}
else
{
   printf("上涨");
}
```

本任务的参考代码如下：

```
main()
{
   float x,y;
   printf("请输入昨天的价格:");
   scanf("%f",&x);
   printf("请输入今天的价格:");
   scanf("%f",&y);
```

```
    if(x>=0 && y>=0)
    {
       if(x>y)
       {
         printf("下跌");
       }
       else if(x==y)
       {
         printf("平盘");
       }
       else
       {
        printf("上涨");
       }
    }
    else
    {
      printf("输入的数据有错误");
    }
    getch();
}
```

【知识拓展】

if 的嵌套

在 if 语句中包含一个或多个 if 语句,称为 if 语句的嵌套。其一般形式表示如下:

```
if(表达式)
  if 语句;
```

或者为:

```
if(表达式)
  if 语句;
else
  if 语句;
```

嵌套内的 if 语句可能又是 if...else 型语句,这将出现多个 if 和多个 else 重叠的情况,因此,要特别注意 if 和 else 的配对问题。例如:

```
    if(表达式1)
  if(表达式2)
语句1;
      else
语句2;
```

在上面这个格式中,else总是与它前面最近的尚未配对的if配对。

【小组讨论与呈现作业】

一、选择题

1. if语句中用来作为判断条件的表达式为(　　)。

A. 逻辑表达式　　B. 关系表达式

C. 算术表达式　　D. 以上三种表达式

2. 当a=1,b=3,c=5,d=4时,执行下面一段程序后,x的值为(　　)。

```
if(a<b)
if(c<d)x=1;
else if(a<c)
if(b<d)x=2;
else x=3;
else x=6;
else x=7;
```

A. 1　　B. 2　　C. 3　　D. 6

3. 设所有变量均为int型,则表达式(a=2,b=5,b++,a+b)的值是(　　)。

A. 7　　B. 8　　C. 6　　D. 2

4. 若执行下面的程序时从键盘上输入3和4,则输出是(　　)。

```
main()
{  int a,b,s;
   scanf("%d %d",&a,&b);
   s=a;
   if(a<b)s=b;
   s=s*s;
   printf("%d\n",s);}
```

A. 14　　B. 16　　C. 18　　D. 20

5. 已有定义语句:int x=6,y=4,z=5;,执行以下语句后,能正确表示x,y,z值的选项是(　　)。

```
if(x<y)   z = x;x = y;y = z;
```

A. x=4,y=5,z=6　　B. x=4,y=6,z=6
C. x=4,y=5,z=5　　D. x=5,y=6,z=4

6. 表示关系 x≤y≤z 的 C 语言表达式为(　　)。
A. (X<=Y)&&(Y<=Z)　　B. (X<=Y)AND(Y<=Z)
C. (X<=Y<=Z)　　D. (X<=Y)&(Y<=Z)

7. 设 x,y,z,t 均为 int 型变量,则执行以下语句后,t 的值为(　　)。
x=y=z=1;t=++x||++y&&++z;
A. 不定值　　B. 2　　C. 1　　D. 0

8. 下列条件语句中,功能与其他语句不同的是(　　)。
A. if(a) printf("%d\n",x); else printf("%d\n",y);
B. if(a==0) printf("%d\n",y); else printf("%d\n",x);
C. if(a!=0) printf("%d\n",x); else printf("%d\n",y);
D. if(a==0) printf("%d\n",x); else printf("%d\n",y);

二、编程题

1. 编写一个程序,能实现从键盘输入任意大小的三个整数,并将其按从大到小的顺序输出。

2. 按工资的高低纳税,已知不同工资 s 的税率 p 如下:

s<=3 500	p=0%
3 500<s<=4 500	p=5%
4 500<s<=7 500	p=10%
7 500<s<=12 000	p=20%
12 000<s<=38 000	p=25%
38 000<s<=58 000	p=30%
38 000<s<=83 000	p=35%
s>83 000	p=45%

3. 编写一个程序,输入工资数,求纳税款和实得工资数。

4. 某服装店经营套服,也单件出售。若买的多于 50 套,每套 80 元;不足 50 套的每套 90 元;只买上衣每件 60 元;只买裤子每条 45 元。请从键盘输入所买上衣 c 和裤子 t 的件数,计算应付款 m。

任务八　邮费任务

行动目标：

- √ 灵活掌握流程图的使用
- √ 熟练掌握 switch 语句的语法结构
- √ 掌握 break 的使用

【任务描述】

小明要到邮局邮包裹，咨询到邮资是按照路程远近对用户计算运费。路程(s)越远，每公里运费越低。标准如下：

s<150 km	没有折扣
150 km<=s<300 km	1%折扣
300 km<=s<600 km	3%折扣
600 km<=s<1 200 km	6%折扣
1 200 km<=s	10%折扣

现在请根据这个标准，编写一个程序用来计算邮费。

【任务分析】

设每公里每吨货物的基本运费为 price，货物重为 weight，路程为 s，折扣为 d，则总运费 f 的计算公式为 f=price * weight * s * (1-d)。在这个问题上，可以看出题目中的折扣的变化是有规律的：路程的变化点都是 150 的倍数(150、300、600、1 200)。因此可设置 mark 标记变量：mark=s/150，根据 mark 的值来确定相应的折扣，并且根据路程 s 的长短来决定折扣的比率。

完成本任务包括 3 个子任务，任务 1 声明变量，获得路程、价格和重量信息；任务 2 根据计算后的 mark 变量找到符合条件的折扣；任务 3 根据折扣信息计算具体的费用。

【任务实施】

8.1　任务 1：声明变量，获得路程、价格和重量信息

现在可以把价格和重量设计成 price 和 weight，类型是 float(想想为什么)。路程使用 s，类型是 int。标记变量 mark 也使用 int，变量 d 用于存放折扣价格。

```
floatprice,weight,d,f;
int s ,mark;
```

现在可以使用 scanf()函数来获得想要得到的信息了。但要注意在使用 scanf()函数时，要采用与其变量类型相对应的格式说明符。

```
printf("enter price,weight,s:");
scanf(" %f, %f, %d",&price,&weight,&s);
mark = s /150;
```

8.2　任务 2：根据 mark 变量找到符合条件的折扣

此问题很明显是个多分支问题，而在选择结构中，如果分支较多，嵌套的 if 语句层数多，程序冗长而且可读性降低。C 语言还提供了另一种用于多分支选择的语句——switch 语句，其语法格式如下：

```
switch(表达式)
{
   case  常量表达式  1:
       语句 1;
       break;
   case  常量表达式  2:
       语句 2;
       break;
   ……
   case  常量表达式  m:
       语句 m;
       break;
   default:
       语句 n;
}
```

switch 语句的执行过程为：当表达式与常量表达式 1 相等时，执行语句 1，用 break 语句终止 switch 语句，不再进行其他条件判断；执行右花括号后的下一条语句。当表达式与常量表达式 1 不相等时，判断表达式与常量表达式 2 是否相等，若相等，则执行语句 2，用 break 语句终止 switch 语句，不再进行其他条件判断，执行右花括号后的下一条语句；若不相等再判断表达式与常量表达式 3 是否相等，依此类推，当所有条件都不满足时，则执行语句 n，default 表示其他条件。

使用switch语句时，需要注意以下几点：

(1) 一个switch语句是由一些case子语句和一个可缺省的default子结构所组成的复合语句，case子语句和default子结构位于一对花括号内。

(2) switch后面的表达式只能对整数求值，可以使用字符或整数，但不能使用实数表达式。case子语句的表达式应该是整型常数表达式，不能含有变量或函数。例如，可以为：

```
case 3 + 4;
```

但不允许写成：

```
int x = 2,y = 5;
switch(z)
{
   …
   casex + y:
   …
}
```

(3) 一个switch语句中不能出现两个具有相同值的常量表达式。例如：

```
case 3 + 5:
…
case 2 + 6:
```

(4) switch的匹配测试只能测试值是否相等，不能测试关系表达式或逻辑表达式。

(5) 各个case语句和default的出现次序不影响执行结果。例如，可以先出现“default:…”再出现“case'D':…”，然后是“case'A':…”。

switch语句允许嵌套。

通过任务1里mark的计算，已经把S控制在0～10之间了，那么现在再来使用switch就可以快速解决此问题了。

```
mark = s /150;
switch(mark)
  {
     case  0:d = 0;break;
     case  1:d = 1;break;
     case  2:
     case  3:d = 3;break;
     case  4:
```

```
    case  5:
    case  6:
    case  7:d = 6;break;
    default:d = 10;break;
 }
```

可以看出当 mark 的值是 0 时，与 case 0 选项相同，所以代表折扣的变量 d 为 0，表示没有折扣；当 mark 的值是 1 时，与 case 1 选项相同，赋值 d 为 1；当 mark 的值是 2 时，与 case2 相同，但由于 case 2 和 case 3 都执行相同的语句，给变量 d 赋值 3。同样，当 mark 的值是 4、5、6、7 时与 case 4、case 5、case 6、case 7 相同，也执行相同的语句，给变量 d 赋值 6；最后当以上情况都不出现时，执行 default 语句给变量 d 赋值 10。

8.3　任务 3：根据折扣信息计算具体的费用

现在通过以上的操作已经知道了根据路程的不同代表折扣的变量 d 有了不同的赋值，剩下要做的就是把最终的资费按照公式：f＝price * weight * s * (1－d)计算得出后输出。在这里要注意输出时使用的格式说明符。

```
f = price * weight * s * (1 - d /100);
printf("f = % 15.2f",f);
```

具体任务代码参照如下：

```
main()
{
   float  price,weight,d,f;
   int s ,mark;
   printf("enter price,weight,s:");
   scanf(" %f, %f, %d",&price,&weight,&s);
   mark = s /150;
   switch(mark)
   {
     case  0:d = 0;break;
     case  1:d = 1;break;
     case  2:
     case  3:d = 3;break;
     case  4:
     case  5:
```

```
        case  6:
        case  7:d = 6;break;
        default:d = 10;break;
    }
    f = price * weight * s * (1 - d /100);
    printf("f = %15.2f",f);
    getch();
}
```

【小组讨论与呈现作业】

一、选择题

1. 在与 switch 语句配套的 case 语句中所使用的表达式(　　)。

A. 只能是常量

B. 可以是变量或常量

C. 只能是常量或常量表达式

D. 无论是常量还是变量,只要在执行时已经有确定的值就行

2. 执行以下程序时,若键盘输入 1,则程序的运行结果是(　　)。

```
#include <stdio.h>
main()
{
    int n;
    scanf(" %d",&n);
    switch(n)
    {
        case 1:
        case 2:  printf("1");
        case 3:
        case 4:  printf("2");  break;
        default: printf("3");
    }
    getch();
}
```

A. 1　　　　B. 2　　　　C. 3　　　　D. 12

3. 执行如下程序(　　)

```
main()
{
  int x = 1,a = 0,b = 0;
  switch(x)
  {
    case 0: b++;
    case 1: a++;
    case 2: a++;b++;
  }
  printf("a = %d,b = %d\n",a,b);
  getch();
}
```

A. a=2,b=1　　B. a=1,b=1

C. a=1,b=0　　D. a=2,b=2

4. 程序段 int x=3,a=1;switch(x) {case 4：a++;case 3：a++;case 2：a++;case 1：a++;} printf ("%d",a);的输出结果是(　　)。

A. 1　　B. 2　　C. 3　　D. 4

5. 下面程序的输出结果是(　　)。

```
main()
 {
   int x = 1,a = 0,b = 0;
   switch(x)
   {
     case 0:b++;
     case 1:a++;
     case 2:a++;b++;
   }
   printf("a = %d,b = %d\n",a,b);
 }
```

A. a=1,b=0　　B. a=2,b=1

C. a=2,b=2　　D. a=0,b=1

二、编程题

1. 学校社团周一至周五晚上都有不同活动，例如周一晚上是英语角，周二晚上是计算机协会，周三晚上是吉他协会，周四晚上是舞蹈协会，周五晚上是跆拳道协会，请从键盘输出是星期几，然后输出相应的活动。

步骤：

需要一个整形变量 iDay 存放星期几；

输入当天是星期几(1,2,3 分别表示星期一、二、三等)；

输出相应的活动。

2. 写出完整程序，并画出 N－S 流程图。实现：输入奖学金等级，输出奖学金金额。奖学金共分 4 等，一等 500 元，二等 300 元，三等 200 元，其他为 0。等级用 ilevel 表示，要求用 switch 语句实现。

3. 模拟计算器，从键盘输入两个运算数及一个符号运算符(＋、－、＊、/)，然后输出该运算结果的值。

任务九　空调降温处理

行动目标：

- √ 将现实生活中需要反复做的事情转换为 C 语言的循环执行语句
- √ 掌握循环的三要素
- √ 掌握 while 循环条件表达式
- √ 了解循环执行的流程图

【任务描述】

小明想编写一个空调制冷程序，现在室内气温 32 度，当气温大于 25 度时，空调能进行降温处理。

【任务分析】

这是现实生活中遇到的问题，它的处理方式只有一种，就是“反复做”。只要气温超过 25 度，就将温度降低。对于这个问题，使用以往的判断语句肯定不能解决本任务了。根据题意可以编写一个降温的程序，在降温前对温度进行判断。如果气温高于 25 度就进行降一度的处理，然后继续进行温度判断，如果温度依然高于 25 度，那么重复执行降一度处理直到温度等于或低于 25 度时，降温处理不再进行。

其流程图如图 9－1 所示：

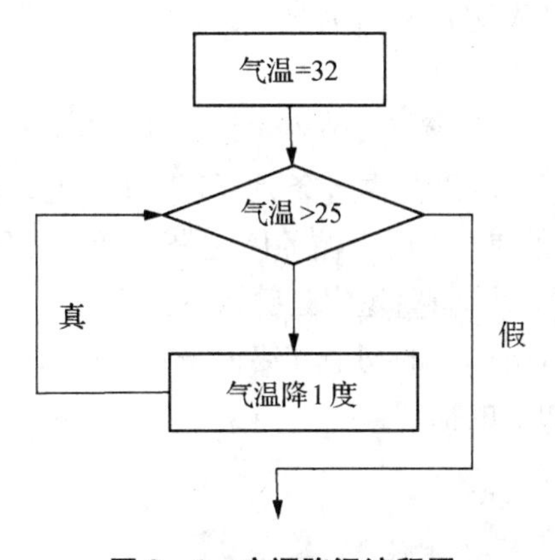

图 9－1　空调降温流程图

【任务实施】

9.1　while 循环

因此,对于这种“反复做”的动作,可以使用循环语句。那么,到底什么是循环呢?循环结构分为两类:当型循环和直到型循环(直到型循环参见单元十二)。当型循环是先判断循环条件,如果条件为真(非 0),执行循环体,否则,跳出循环,执行循环后面的代码。

while 循环的流程如图 9-2 所示:

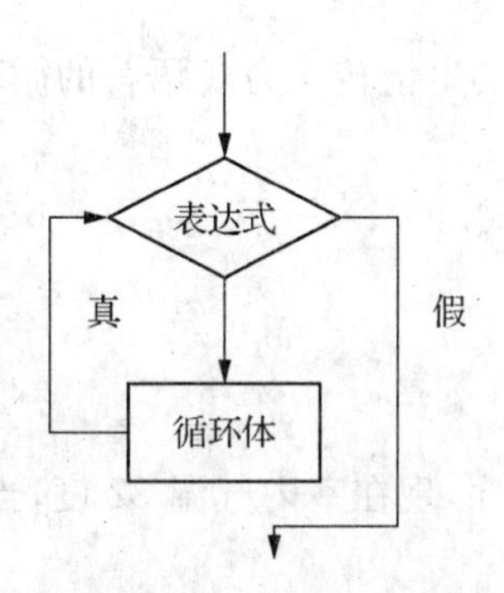

图 9-2　while 循环流程图

现在先来了解一下 while 语句的语法结构:

```
while(表达式)
{
    循环结构体
}
```

首先计算表达式的值,当表达式的值为真(非 0)时,重复执行循环结构体,直到表达式为假(0),跳出 while 结构向下执行。

循环结构的重点在于构造循环条件、循环体和循环次数,通常情况下这三者都跟循环变量有关,在本任务中,气温大于 25 度是循环条件,气温降一度是循环体,那其中的气温就是循环变量。该循环变量初始值是 32,退出循环体时是 25 度,循环次数是 7 次。

通常情况下通过变量的关系运算、逻辑运算来构造循环条件,在循环体中要包含对循环变量进行有规律的变化处理,由循环的初值和终值来控制循环的次数。

在本任务里,可以进行如下的描述:

```
while(气温>25)
{
    气温 = 气温 - 1℃;
}
```

【拓展任务】

连求和

【任务描述】

用 while 语句来实现以下的求和：S=1+2+3+…+10。

【任务分析】

现在已经掌握了 while 语句的基本格式，再来看第二个任务。这是一个求 10 个数的累加和问题。继续利用 while 循环的三个要素来分析本程序。

循环条件：在本任务中可以看出加数是从 1 加到 10 有规律的变化。因此，可以设定循环变量 i，初值设为 1，终值是 10。循环的条件可以设定为 i 小于等于 10。在循环执行的过程中，变量 i 从 1 开始，每循环一次，变量加 1，直到循环 10 次后，变量 i 为 11 时，不满足循环条件退出循环。

循环次数：循环变量 i 从 1 开始，每次循环时变量 i 自增 1 直到循环变量 i 大于 10，不满足循环条件退出，一共经过 10 次循环。

循环体：要做的就是把每次变量 i 变化前的值累加，累加时需要使用第二个变量来记录累加的结果。因此，在循环执行前应事先声明变量 sum，并赋初值 0。这样，在循环体中 sum 记录从 1 到 10 的累加结果。同时还要对变量 i 进行自增操作，即 i++（参见任务二知识拓展 2，i++的含意是变量自增加 1）；否则，变量没有趋于不满足的条件，进行死循环。

参考代码如下：

```
main()
{
    int i = 1,sum = 0;
    while(i<=10)
    {
      sum = sum + i;
      i++;
    }
    printf("sum = %d",sum);
}
```

注：

(1) while 循环结构的特点是“先判断，后执行”。如果表达式的值一开始为“假”，则循环体一次也不执行。例如：

```
int a = 0;
while(a>0)
    a++; /* a>0 为假,循环不能被执行 */
```

(2) while 循环中的表达式一般是关系表达式或逻辑表达式，只要表达式的值为真(非0)即可继续循环。

(3) 循环体如果由一个以上的语句构成，应该用花括号括起来，以复合语句的形式出现；否则 while 语句的范围只到 while 后面的第 1 个语句的分号处。例如，本例中 while 语句中如无花括号，则循环只执行到“sum=sum+i;”。

(4) 在循环中应有使循环趋于结束的语句，否则会出现死循环(循环无限次地进行)。例如，本例中循环结束的条件是 i>10，循环变量 i 的初始值为 1，因此，在循环体中应有使 i 增值的语句，如 i=i+1，从而使循环到一定阶段后结束。又如：

```
main()
{
    int a,n = 0;
    while(a = 5)
    {
        printf(" %d",n ++ );
    }
}
```

本例中，while 语句的循环条件为赋值表达式 a=5，该表达式的值永远为真而循环体中又没有其他终止循环的手段，因此，该循环将无休止地进行下去，形成死循环。

(5) 在循环中通常用一个变量来控制循环的开始和结束，这个变量被称为循环变量。例如，本程序中的变量 i 就是循环变量。

【小组讨论与呈现作业】

一、选择题：

1. 定义如下变量：int n=10；则下列循环的输出结果是(　　)。

while (n>7) {　　n--;　　printf("%3d",n); }

A. 10　9　8　　　B. 9　8　7

C. 10　9　8　7　　　D. 9　8　7　6

2. 读程序：下面程序的输出结果是(　　)。

```
main()
{  int num = 0;
   while (num <= 2)
   { num ++ ; printf(" % 3d",num);}
}
```

A. 1　　　B. 2　2　　　C. 1　2　3　　　D. 1　2　3　4

3. 下列关于 while 语句的叙述中，正确的是(　　)。

A. while 语句所构成的循环不能用其他语句构成的循环来代替

B. while 语句所构成的循环只能用 break 语句跳出

C. while 语句所构成的循环只有在 while 后面的表达式为非零时才结束

D. while 语句所构成的循环只有在 while 后面的表达式为零时才结束

4. 执行以下语句序列后，则输出结果是(　　)。

```
int i = 0;
while (i<25)
    i+ =3;
printf(" %d",i);
```

A. 24　　B. 25　　C. 27　　D. 28

5. 必须用一对大括号括起来的程序段是(　　)。

A. switch 语句中的 case 语句　　B. if 语句的分支

C. 循环语句的循环体　　D. 函数的函数体

6. 下列程序输出字符“*”的个数为(　　)。

```
main()
{
    int i = 10;
    while (1)
    {
      i--;
      if (i= =0)
              break;
      printf("*") ;
    }
    getch();
}
```

A. 8　　B. 9　　C. 10　　D. 11

二、编程题：

1. 求 1 到 100 以内所有的奇数和。

2. 编写一个程序，完成判断从 1900 年到 2013 年所有的闰年的显示任务。

提示：(year%4==0 &&year%100!=0)||year%400==0

任务十　统计学生总成绩

行动目标：

√ 将现实生活中需要反复做的事情转换为 C 语言的循环执行语句

√ 掌握循环的三要素

√ 掌握 while 循环条件表达式

√ 了解循环执行的流程图

【任务描述】

小明要统计全班同学 C 语言考试成绩总和，用键盘输入若干学生的成绩，计算并输出它们的和，当输入－1 时结束。

【任务分析】

这是一个非计数循环问题，事先循环的次数不确定，需要根据用户的意图来确定，可见 while 语句不仅可以实现计数循环，也可以实现非计数循环。

本次任务应事先设定两个变量，一个用来存放输入的成绩“cj”，另一个用来存放成绩每次的累加和“sum”。其次，根据 while 的语句要求，要设计循环的条件。在这里并不知道要循环的次数，因此，对于条件为真的设计并不容易，但可以进行逆思考，把条件设计为不为假，即“cj!=－1”。这样，只要用户不输入－1，循环就一直执行，只有当输入－1 时，循环结束。现在解决了循环执行的条件问题，但根据题意知道，想让 cj 不等于－1 就要让 cj 先获取到数据，换句话说，获取数据的 scanf()函数要写在 while 循环的外面，只有这样，才能判断 cj 是否等于－1。这样解决了让循环执行一次的问题，想让循环继续执行，还必须继续使用 scanf()函数继续获取成绩累加，因此，在 while 循环体里，还要使用一次 scanf()函数，用来满足第二次直到最后一次的成绩输入功能。

完成本任务包括 3 个子任务，任务 1 定义变量 cj 和 sum，并获取学生成绩；任务 2 完成循环条件的设计和成绩的累加；任务 3 输出循环结束后的累加值。其流程图如图 10－1 所示：

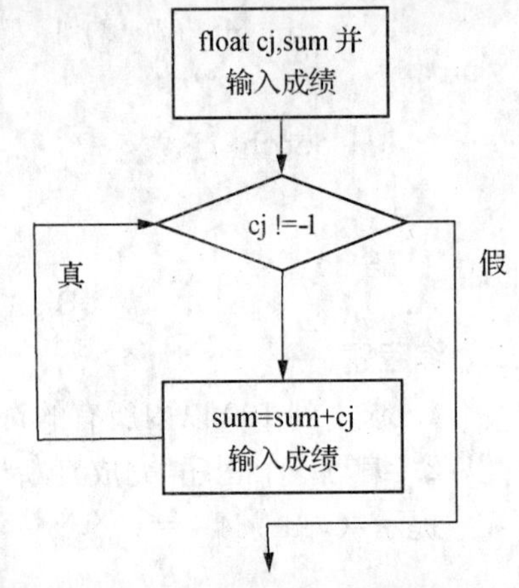

图 10－1　统计学生总成绩流程图

【任务实施】

10.1　任务1:定义变量 cj 和 sum,并获取学生成绩

在进行变量声明前,要考虑成绩的构成会不会只是整数?也许会有小数的出现,因此,在类型的设定上设计为 float 会更恰当一些。cj 定义为获取到的成绩,sum 定义为成绩的累加和。同时完成获取第一次成绩的操作。

```
float cj,sum = 0;
scanf(" %f",&cj);
```

10.2　任务2:完成循环条件的设计和成绩的累加

在任务分析中已经了解到了循环的条件和循环内容,代码如下:

```
while(cj!= -1)
{
    sum = sum + cj;
    scanf(" %f",&cj);
}
```

通过以上代码可以看出,用户只有输入−1,循环才会结束,否则循环一直执行。先累加成绩的总和,接着让用户继续输入成绩,然后判断条件,如此反复直到条件为假,退出循环。

10.3　任务3:输出循环结束后的累加值

到这个任务时,说明循环已经退出,要做的就是显示最后的成绩和即可。在这里要考虑的就是显示的问题。在成绩录入时允许小数的出现,那么显示时,显示2位小数即可。

```
printf(" %.2f",sum);
```

任务参考代码如下:

```
main()
{
    float cj,sum = 0;
    scanf(" %f",&cj);
    while(cj!= -1)
```

```
    {
        sum = sum + cj;
        scanf(" %f",&cj);
    }
    printf(" %.2f\n",sum);
    getch();
}
```

【拓展任务】

猜数游戏

【任务描述】

要求猜一个介于1～10之间的数字，根据用户猜测的数与标准值进行对比，并给出提示，以便下次猜测能接近标准值。连续5次没有猜中，则退出循环。

【任务分析】

本次任务与上一个任务有相似的地方，都是重复做一件事情，即对用户输入的信息进行处理。因此，在选择使用循环的同时要找到循环的第一要素——循环条件的构成。

猜字游戏的循环变量的设定有一定的难度，首先，要求用户输入的数字介于1～10之间，因此，这只是用户输入的范围，并不能成为循环的条件。其次，在程序进行中要给出一个事先设定好的答案(标准值)与用户输入的数字进行比对，因此，标准值也不能成为循环变量。最后，连续5次的猜测是要记录用户的猜测次数，可以设一个变量进行统计，也不能构成循环的条件。那么，循环条件该如何构成呢？

while语句还有一种特殊的构成方式：while(1) 永真循环 。其中1代表一个常量表达式，它永远不会等于0。所以，循环会一直执行下去。除非设置break等类似的跳出循环语句，循环才会中止。具体流程图如图11-2所示。

根据该流程图，能清楚地了解到，使用while(1)永真循环可以不用设定循环条件，即无条件进行循环。那么对于循环的第二要素，循环的次数，在这里使用了flag来统计用户输入的次数，也是循环的次数。超过5次退出，说明循环最多执行5次。那么对于最后一个循环要素，循环语句的使用，其中用了3次if语句的判断。

第1次if比较是对于用户猜测次数的比较。变量flag用来统计用户猜测的次数，初值设为0，每循环一次，flag自加1。循环初始时先进行flag的比较。如果用户猜测的次数已经超过5次，则退出循环，否则继续进行猜数循环。

第2次if比较是猜测变量guess和标准值num进行比较。如果相同，说明用户猜测正确，使用break退出循环。如果不正确，进行第3次if比较。

第3次if比较是对guess和标准值num大小进行的比较，如果guess大，则提示用户太大，反之提示用户太小。第3次if比较后回到循环的起始，继续进行新一轮的循环。

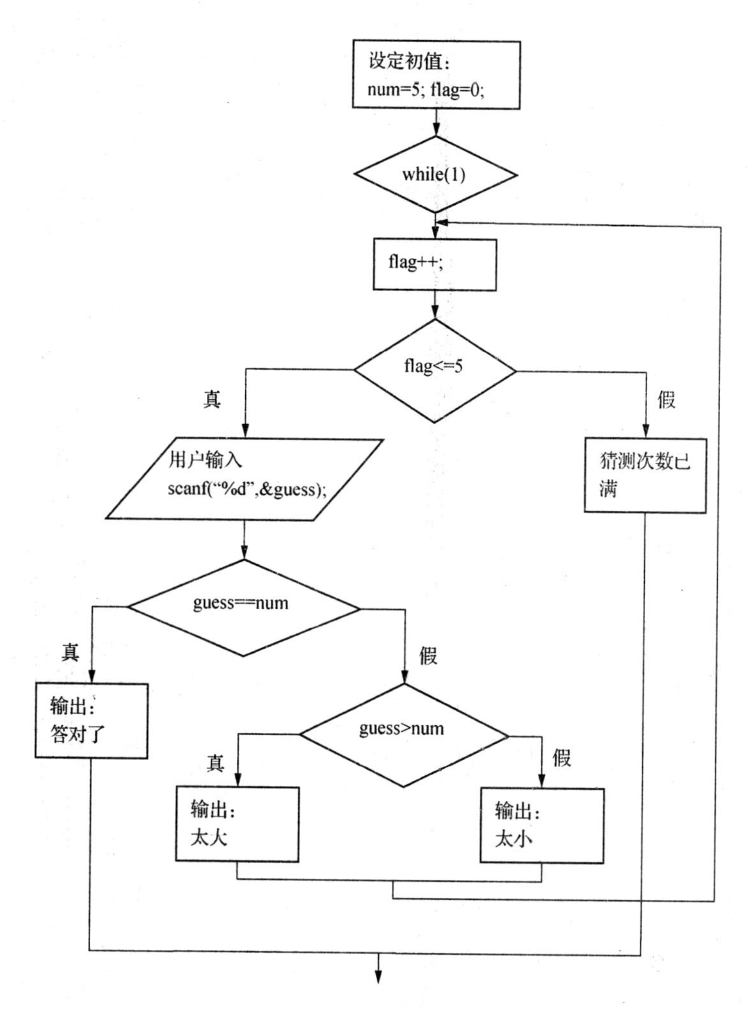

图 10－2　猜数游戏流程图

本任务的参考代码如下：

```
main()
{
  int num,flag,guess;
  num = 5;
  flag = 0;
  while(1)
  {
    flag ++ ;
    if(flag <= 5)
    {
      printf("请输入一个介于 1～10 的数字:");
```

```
        scanf(" %d",&guess);
        if(guess == num)
        {
          printf("恭喜你猜对了,数字是 %d",num);
          break;
        }
        else if(guess>num)
        {
          printf("太大\n");
        }
        else
        {
          printf("太小\n");
        }
      }
      else
      {
        printf("你已经猜了 5 次,很遗憾");
        break;
      }
    }
    getch();
}
```

【小组讨论与呈现作业】

一、填空题:

1. 以下程序的输出结果是________。

```
main()
{
    int i = 1,sum = 0;
    while(i<10)
    {
      sum = sum + 1;
      i++;
    }
    printf("i = %d,sum = %d",i,sum);
}
```

2. 运行以下程序后，如果从键盘上输入 china#《回车》，则输出结果是________。

```
main()
{
    int v1 = 0,v2 = 0; char ch ;
    while (ch = getchar(..!= '#'))
    switch (ch)
      {
        case 'a':
        case 'h':
        default:v1 ++ ;
        case '0':v2 ++ ;
      }
    printf(" %d, %d\n",v1,v2);
}
```

运行结果：v1=________，v2=________。

3. 阅读下列程序。

```
main()
{int x = 3,y = 6,a = 0;
while (x++ != (y- = 1))
  {  a++ ;
     if (y<x)break;
  }
    printf("x = %d,y = %d,a = %d\n",x,y,a);
}
```

x=________，y=________，a=________。

二、编程题

1. 编写一个统计学生平均分数的程序。要求：首先输入一名学生的 3 门课程分数，计算其平均分数并输出，然后提示用户是否退出程序，输入"Y"或"y"程序会退出，键入其他字母，程序将继续统计下一名学生的平均分数。

提示：设 5 个变量，分别存放 3 门课程、平均分及用户退出程序时输入的字符，使用 if 进行输入字符的判断。

2. 输入一行字符，统计出其中英文字母、空格、其他字符的个数。

提示：① 使用 getchar()循环接收字符；

　　　② 循环条件：ch!="\n"。

任务十一 登陆验证改进任务

行动目标：

- ✓ 了解 do... while 循环执行的流程图
- ✓ 掌握 do... while 的语法格式
- ✓ 了解 while 和 do... while 的区别

【任务描述】

小明上次编写了C语言网站，现在要对登陆功能进行改进处理，要求重复验证用户输入的字符，只有正确输入"Y"或"y"时，才显示"Welcome to here."否则让用户重复输入，直到正确为止。

【任务分析】

根据题意了解到，本任务涉及两方面的内容：一是重复验证，二是要先输入信息后验证。针对第一个问题可以使用循环解决。第二个问题要先执行输入语句后验证输入的语句是否符合条件，如果不符合条件要重新输入，再次验证，直到用户输入正确的"Y"或"y"时，才显示"Welcome to here."。

完成本任务包括3个子任务，任务1定义ch存放输入的字符；任务2设计循环的过程直到用户正确输入退出循环；任务3循环结束显示"Welcome to here."。其流程图如下图11-1所示：

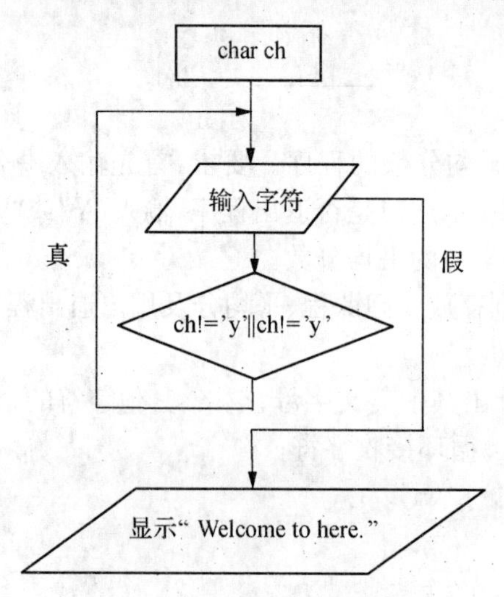

图11-1 登陆验证改进流程图

【任务实施】

11.1　任务1:定义 ch 存放输入的字符

现在把 ch 定义为 char 类型。

```
char ch;
```

11.2　任务2 :设计循环过程直到退出循环

这次的循环使用 while 已经不能满足程序的需要,因为 while 循环是在结构头部检验循环条件,当循环条件为真时进入循环体;若为假则直接退出循环。do... while 语句与 while 语句不同,do... while 语句是在循环的尾部检验条件,也就是说 do... while 语句至少会被执行一次循环体。其语法格式如下:

```
do
{
  循环结构体
}
while(表达式);
```

其中表达式是循环条件。它的执行过程是:

(1) 先执行循环体语句一次,再判断表达式的值。

(2) 如果表达式的值为假(0),循环结束;如果表达式的值为真(非0),重复执行循环结构体,继续进行循环。

do... while 的语句特点是:先执行循环体语句,后判断表达式。流程图如图 11 - 2 所示:

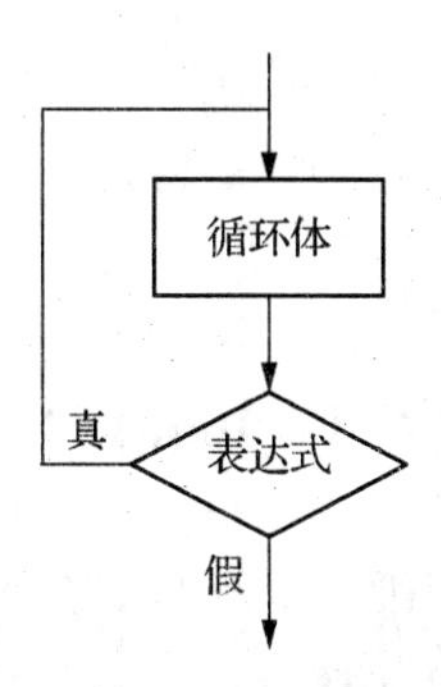

图 11 - 2　do... while 语句流程图

while 语句和 do... while 语句一般都可以相互改写,但要注意循环条件的变化。例如在上一单元求1～10的累加和，现在使用do...while来实现。

```
main()
{
    int i = 1, sum = 0;
    do
    {
      sum = sum + i;
      i++;
    }
    while(i <= 10);
    printf("sum = %d", sum);
}
```

对于do...while语句的使用还应该注意以下几点：

➢ 在if语句和while语句中，表达式后面都不能加分号，而在do...while语句的表达式后面则必须加分号。

➢ do...while语句可以组成多重循环，也可以和while语句相互嵌套。

➢ 当do和while之间的循环体由多个语句组成时，必须用"{}"括起来组成一个复合语句。

➢ do...while和while语句可以相互替换，但两者之间的区别在于：do...while是先执行后判断，因此，do...while至少要执行一次循环体；while是先判断后执行，如果条件不满足，则一次循环体也不执行。

这次的任务是让用户先输入字符，然后再根据用户输入的字符与事先规定好的"Y"或"y"比较，如果用户输入的是"Y"或"y"那么就退出循环；反之，用户输入的不是"Y"并且也不是"y"则一直执行循环，并让用户重复输入，直到正确为止退出循环。因此，在条件表达式处可以写成ch!='Y'&& ch!='y'。最终循环代码如下：

```
do
{
    ch = getchar();
}
while( ch != 'Y'&&ch!= 'y' ) ;
```

11.3　任务3：循环结束显示"Welcome to here."

循环结束，表示while(表达式)ch!='Y'&& ch!='y'条件为假，ch=='Y'或者ch=='y'，此时，执行输出语句"Welcome to here."。

```
printf("Welcome to here.");
```

本任务的参考代码如下：

```
main()
{
    char ch;
    do
    {
      ch = getchar();
    }
    while( ch != 'Y'&&ch!= 'y' ) ;
    printf("Welcome to here. ");
    getch();
}
```

【拓展任务】

连求和

【任务描述】

在学习 while 语句时，计算过 S=1+2+3+…+10 连求和方法(while 方法使用参见任务九)，现在请用 do... while 语句完成此任务。

【任务分析】

此任务的详细分析这里不再赘述，把 while 的循环条件放在了循环尾部执行。循环次数依旧是 10 次，不满足条件时退出。

本任务的参考代码如下：

```
main()
{
    int  i = 1, sum = 0;
    do
    {
      sum = sum + i;
      i++;
    }
    while(i<= 10);
    printf("sum = %d", sum);
    getch();
}
```

【知识拓展】

do...while 和 while 的比较

```
(1)
main()
{
    int sum = 0,i;
    scanf(" %d",&i);
    while(i<=10)
    {
      sum = sum + i;
      i++;
    }
    printf("sum = %d",sum);
}
```

运行结果如下：
1
sum=55
再运行一次：
11
sum=0

```
(2)
main()
{
   int sum = 0,i;
   scanf(" %d",&i);
   do
   {
     sum = sum + i;
     i++;
   }
   while(i<=10);
   printf("sum = %d",sum);
}
```

运行结果如下：
1

sum＝55

再运行一次：

11

sum＝11

可以看到：当输入 i 的值小于或等于 10 时，二者得到结果相同。而当 i>10 时，二者结果不同。这是因为对于 while 循环来说，一次也不执行循环体，而对 do... while 循环语句来说则要执行一次循环体。可以得到结论：当 while 后面的表达式的第一次的值为“真”时，两种循环得到的结果相同；否则，二者结果不同（指二者具有相同的循环体的情况）。

【小组讨论与呈现作业】

一、选择题：

1. C 语言中 while 循环和 do... while 循环的主要区别是(　　)。

A. do... while 的循环体至少无条件执行一次

B. while 的循环控制条件比 do... while 的循环控制条件严格

C. do... while 允许从外部转到循环体内

D. do... while 的循环体不能是复合语句

2. 当执行以下程序段时(　　)。

```
x = -1;
do
{x = x * x;}
while (!x);
```

A. 循环体将执行一次　　B. 循环体将执行两次

C. 循环体将执行无数多次　　D. 系统将提示有语法错误

3. 有以下程序段其输出结果是(　　)。

```
int x = 3
do
{ printf ("%d",x -= 2);
}while (!(--x));
```

A. 1　　B. 3　0　　C. 1　−2　　D. 死循环

4. 有以下程序，执行这个程序的输出结果是(　　)。

```
main()
{
    int x = 3;
    do
```

```
    {
      x- =2;
      printf(" %d",x);
      } while (!( - -x));
      getch();
  }
```

A. 1　　B. 30　　C. 1－2　　D. 死循环

5. 以下程序的输出结果是(　　)。

```
main()
{
    int x=5;
    do
    {
        printf(" %d\n", - -x);
    } while (!x);
    getch();
}
```

A. 43210　　B. 5　　C. 4　　D. 无任何输出

6. 有以下语句序列，执行后输出字符 $ 和 * 的个数分别是(　　)。

```
int k=0;
do { k+ =5; printf(" $ ");} while (k<19);
while (k- ->0) printf(" * ");
```

A. 4 和 20　　B. 5 和 20　　C. 4 和 21　　D. 5 和 21

二、编程题：

1. 分别使用 do... while 和 while 语句编写 1 到 100 之间全部偶数和程序。

2. 写出完整程序，实现：输入密码，如果等于 8848 则显示“loading...”，并退出循环；否则显示“input again!”。如果输入超过 3 次，则退出循环并结束程序。要求密码用 ikeyword 输入，用 icount 记录输入次数。

任务十二　求 Jack 的钢琴课学费

行动目标：

- √ 了解 for 循环执行的流程图
- √ 掌握 for 的语法格式

【任务描述】

Jack 学习钢琴，每周上一次课，学费从 50 元开始每次递增 5 元，将第 1 周到第 10 周的学费分别打印出来。

【任务分析】

通过任务描述不难看出 Jack 的学费变化如下：

时间	费用
第一周	50
第二周	55
第三周	60
第四周	65
第五周	70
第六周	75
第七周	80
第八周	85
第九周	90
第十周	95

在这里时间和费用的变化都是有规律的，时间的变化是从 1 到 10，每次增长 1；费用的变化是从 50 到 95，每次增加 5。那么对规律的内容可以使用循环来进行操控。设置费用变量为 iFree，初值是 50。每次循环时间变量 i 加 1 时，费用变量自加 5；时间变量可以配合费用变量的步长，从第 2 周开始循环直到第 10 周结束。

现在把这个任务拆解成 3 个子任务，任务 1 定义 iFree 存放学费，定义 i 作为上课周数；

任务 2 设计循环的过程，计算 10 周学费；任务 3 显示最终的费用。其流程图如下图 12 - 1 所示：

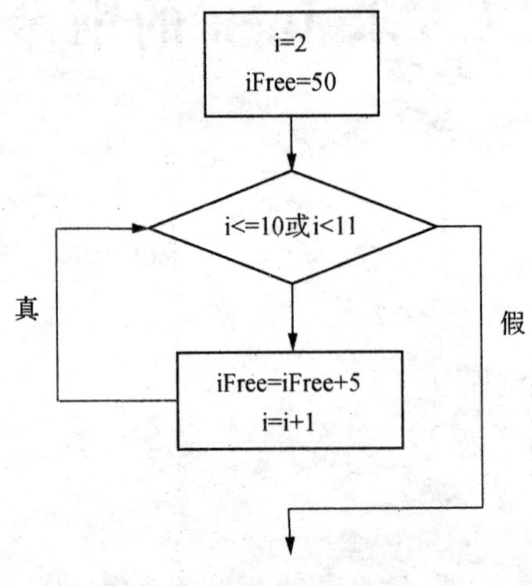

图 12 - 1 Jack 学费流程图

【任务实施】

12.1 任务 1：iFree 存放学费，i 作为上课周数

现在把 iFree 定义为 int 类型。

```
int i,iFree;
iFree = 50;
```

12.2 任务 2：设计循环的过程计算 10 周学费

在这个任务上如果使用传统的方式，逐一累加，这样不但繁琐，而且数额多时还容易出错。现在学习使用 for 语句。

for 语句是循环控制结构中使用最广泛的一种循环控制语句，特别适合用于已知循环次数的情况，它的一般形式为：

```
for(表达式 1;表达式 2;表达式 3)语句
```

执行过程为：

首先求解表达式 1 的值，然后判断表达式 2 是否为真(非 0)，如果为真，则执行循环体语句，然后求表达式 3 的值。接下来再判断表达式 2 是否为真，如果为真，继续执行循环体语句及求解表达式 3 的值，直到表达式 2 为假为止。其流程图如 12 - 2 所示。

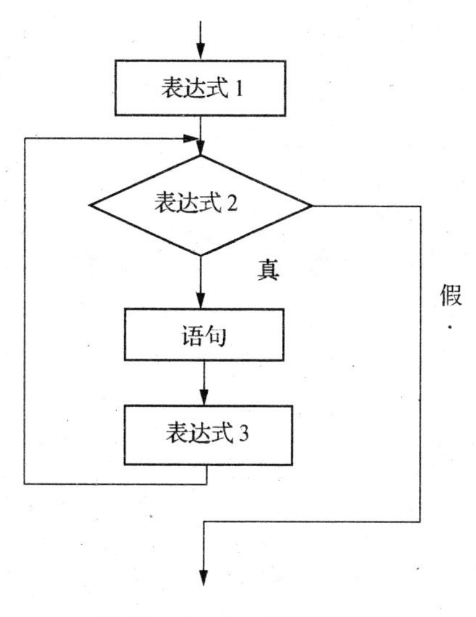

图 12-2 for 循环流程图

for 循环结构应该注意的 3 个问题：

- 控制变量的初始化；
- 循环的条件；
- 循环控制变量的更新。

以如下 for 语句最简单的应用形式为例：

```
for(循环控制变量赋初值;循环条件;循环控制变量增(减)值)
{
     循环结构体
}
```

在这里不难看出，首先要给循环控制变量赋初值，这个初值控制循环的起点。然后判断循环条件，只有循环条件为真时，执行循环结构体里的语句。语句结束后，再进行循环量增(减)值。然后继续利用循环条件判断，如此循环重复下去，直到循环条件为假时退出循环。这 3 个部分之间用“;”分开。例如：

```
for(i = 1;i <= 100;i ++ )sum = sum + i;
```

先给 i 赋初值 1，判断 i 是否小于等于 100。若是，则执行语句“sum=sum+i;”，之后 i 值增加 1。再重新判断直到条件为假，即 i>100 时，结束循环。相当于：

```
i = 1;
while(i <= 100)
{
   sum = sum + i;
   i ++ ;
}
```

例:用for语句求1～100的累加和。

```
main()
{
    int s=0,n=1;
    for(n=1;n<=100;n++)
    {
      s=s+n;
    }
    printf("s=%d",s);
    getch();
}
```

使用for语句应注意以下几点:

➢ for循环中的"表达式1(循环变量赋初值)"、"表达式2(循环条件)"和"表达式3(循环变量增量)"都是选择项,即可以缺少,但";"不能缺少。

➢ 省略了"表达式1(循环变量赋初值)",表示不对循环控制变量赋初值。

➢ 省略了"表达式2(循环条件)",则不做其他处理时便成为死循环。例如:

```
for(i=1;;i++)sum=sum+i;
```

相当于:

```
i=1;
while(1)
(
    sum=sum+i;
    i++;
)
```

➢ 省略了"表达式3(循环变量增量)",则不对循环控制变量进行操作,这时可在循环体中加入修改循环控制变量的语句。例如:

```
for(i=1;i<=100;)
{
    sum=sum+i;
    i++;
}
```

➢ 省略了"表达式1(循环变量赋初值)"和"表达式3(循环变量增量)"。例如:

```
for(;i<=100;)
{
    sum=sum+i;
    i++;
}
```

相当于：

```
while(i<=100)
{
    sum=sum+i;
    i++;
}
```

➢ 3个表达式都可以省略。例如：

```
for(;;)语句
```

相当于：

```
while(1)语句
```

即不设初值，也不判断条件，循环变量不增值，无终止地执行循环体，但可在循环体中进行条件的判断，利用break语句强行跳出循环。

➢ 表达式1可以是设置循环变量的初值的赋值表达式，也可以是其他表达式。例如：

```
for(sum=0;i<=100;i++)sum=sum+i;
```

➢ 表达式1和表达式3可以是简单表达式，也可以是逗号表达式。

```
for(sum=0,i=1;i<=100;i++)sum=sum+i;
```

或者

```
for(i=0,j=100;i<=100;i++,j--)k=i+j;
```

➢ 表达式2一般是关系表达式或逻辑表达式，但也可是数值表达式或字符表达式，只要其值非零，就执行循环体。例如：

```
for(i=0;(c=getchar())!='\n';i+=c);
```

又如：

```
for(;(c=getchar()!='\n'))
    printf("%c",c);
```

例:在3～100之间所有3的倍数中,找出个位数为2的数。

在3～100之间3的倍数有3,6,9,…,99。为了找出个位数为2的数,应该对每一个3的倍数i求其个位数,方法是i%10,并判断此值是不是等于2.如果为2则输出,否则不输出。程序代码如下:

```
main()
{
    int i=0;
    for(i=3;i<=100;i++)
    {
        if(i%3==0 &&i%10==2)
        {
            printf("%4d",i);
        }
    }
}
```

现在已经掌握了for语句的结构,回到任务中来,将周数作为循环变量,定义为i,初值可设为2(因为第一周的费用没有增长,所以从第二周开始计算),每次循环让iFree的值递增5;同时计算直到第10周为止,则结束条件可设为i<=10或i<11,此时,for语句的表达式可以写成:

```
for(i=2;i<=10;i++)
```

当i满足<=10时,可以让iFree=iFree+5。

12.3 任务3:显示最终的费用

最终,当i增长到第11周,for语句中表达式i<=10条件不满足时,退出循环,现在就得到了Jack最后的学费:

```
printf("iFree=%d",iFree);
```

本任务参考代码如下:

```
main()
{
    int iFree,i;
    iFree = 50;
    for(i = 2;i <= 10;i ++ )
    {
        iFree = iFree + 5;
    }
    printf("iFree = %d",iFree);
    getch();
}
```

【拓展任务】

连求和

【任务描述】

现在已经分别使用过 while 和 do... while 来实现 1～10 之间连求和的程序制作，试用 for 语句来实现此功能。

【任务分析】

在 for 语句中，把循环的三要素讨论清楚，此循环也就能实现了。首先，for 循环中的第一个表达式——循环变量赋初值，在这里将 i 的初值在 for 循环中设定为 i＝1。第二个表达式是循环条件，很明显继续使用 i＜＝10 或 i＜11。最后一个表达式是循环变量自增（减）值，在这里让 i 每次循环时自增 1，即 i＋＋。具体代码如下：

```
main()
{
    int sum = 0,i;
    for(i = 1;i <= 10;i ++ )
    {
        sum = sum + i;
    }
    printf("sum = %d",sum);
    getch();
}
```

【小组讨论与呈现作业】

一、请写出下列程序的结果：

1. 以下程序的输出结果是________。

```
#include "stdio.h"
void main()
{
    int n;
    for(n=1;n<=10;n++)
    {
        if(n%3==0)
            continue;
        printf("%d",n);
    }
}
```

2. 以下程序的输出结果是________。

```
#include "stdio.h"
void main()
{
    int x=10,y=10,i;
    for(i=0;x>8;y=++i)
        printf("%d%d",x--,y);
}
```

3. 执行下列语句段后，输出字符“*”的个数是________。

```
int i;
for(i=10;i>1;--i) printf("*");
```

4. 在以下程序中，显示的数字一共有________个。

```
main()
{
    int iloop=0;
    for(iloop=0;iloop<20;iloop++)
    {
        if(iloop%2==0)
```

```
            continue;
        printf(" %d\n",iloop);
    }
    getch();
}
```

5. 以下程序的运行结果是________。

```
main()
{
    int i = 0,s = 0;
    for(;;)
    {
      if(i == 3 || i == 5)
         continue;
      if(i == 6)
         break;
      i++;
      s+ =i;
    }
    printf(" %d\n",s);
    getch();
}
```

二、编程题

1. 水仙花数问题。统计所有水仙花数的数量，并打印。所谓水仙花数是指满足如下条件的三位数：个位数的立方、十位数的立方和百位数的立方和等于其自身，例如：407 为一水仙花数，$407=4^3+0^3+7^3$。

提示：循环从 100 到 999。

判断一个三位数是否为水仙花的关键是，求出其个位数、十位数和百位数。

百位数计算：a=i/100 ，求此数被 100 整除后的商。

十位数计算：b=i/100－a * 10 ，求此数被 100 整除后的余数。

个位数计算：c=i%10，求此数被 10 整除后的余数。

2. 编写猜数字游戏程序。要求：由计算机随机产生 1～100 的整数，从键盘输入所猜测的数字，如果正确，输出猜的次数；如果不正确，再次输入所猜的数字，如果输入 10 次以上还没有猜出该数字，输出“GAME OVER”。

3. 输出从 1900 年到 2010 年中所有闰年的年份。要求每行输出 5 个年份。

任务十三　绘制国际象棋棋盘

- ✓ 行动目标：
- ✓ 了解 for 嵌套循环执行的流程图
- ✓ 掌握 for 的语法格式
- ✓ 掌握嵌套语句的使用方法
- ✓ 掌握 break 和 continue 的使用方法

【任务描述】

请使用循环语句绘制国际象棋棋盘

【任务分析】

在这里首先要了解到国际象棋的棋盘是一个 8 行 8 列的正方形，并且第一行以白色正方形为第一个，黑色正方形第二个，白色正方形第三个，黑色正方形第四个，依次交替。第二行以黑色正方形起始，白色正方形为第二个，再次交替出现。一直到 8 行结束。

通过对棋盘的描述，可以了解到，现在要输出的内容共分 8 行，每行 8 列黑白方块交替出现。这样就需要利用二次循环嵌套出现。这种一个循环的循环体中有另一个循环称为循环嵌套。这种嵌套过程可以有很多重。一个循环外面仅包围一层循环称为二重循环；一个循环外面包围多层循环称为多重循环。循环嵌套的层数理论上无限制。

3 种循环语句 while、do...while 和 for 可以互相嵌套自由组合。例如：

```
(1) while()
    {
      while()
      {
      ...
      }
    }
```

```
(2) do
    {
      while()
      {
      ...
      }
    }while()
```

```
(3) for(;;)
    {
      while()
      {
      ...
      }
    }
```

以上只举出三种例子，在实际的开发过程中大家可以自由组合，在使用过程中只要注意以下几点即可。

➢ 在嵌套的各层循环中，应使用复合语句（即用一对花括号将循环体语句括起来），以保证逻辑上的正确性；

➢ 内层和外层循环控制变量不应同名，以免造成混乱；
➢ 嵌套循环不能交叉，即在一个循环体内必须完整地包含另一个循环；
➢ 嵌套循环最好采用右缩进格式书写，以保证层次的清晰性。

循环嵌套执行时，先由外层循环进入内层循环，并在内层循环终止之后接着执行外层循环，再由外层循环进入内层循环。当外层循环全部终止时，程序结束。

例如，打印出如下图案：

```
*  *******  *
*  *******  *
*  *******  *
*  *******  *
*  *******  *
```

在这里可以用二层嵌套循环实现，参考代码如下：

```
main()
{
   int x,y;
   for(x=1;x<=5;x++)
   {
      for(y=1;y<=9;y++)
      {
         printf(" * ");
      }
      printf("\n") ;
   }
   getch();
}
```

x是从1到5，属于外层循环，用于控制图案的行数，y是从1到9，属于内层循环，用于控制每行 * 的个数。当外循环执行一次时，内循环执行9次。当内循环执行一圈后，输出"\n"，光标换到下一行。外循环再执行第二次，内循环再重复9次，以此类推实现最终效果。

通过上面的例子，可以总结出，棋盘的完成也必须使用二次嵌套循环：第一次外循环负责对行的显示，第二次内循环负责列内容的显示。

完成本任务包括两个子任务：任务1完成对行内容的显示；任务2完成每列的内容交替显示。

【任务实施】

13.1　任务1：完成对行内容的显示

在任务1当中，要实现的实际上是嵌套循环的外层循环功能，即完成显示8行的任务。

在这里,只要设定变量i让其从0到8循环显示即可,每次i增长的步长为1,共循环8次,保证棋盘的8行内容显示。循环执行的语句体则是由内循环来完成。

```
for(i=0;i<8;i++)
{…
}
```

13.2 任务2:完成每列内容的交替显示

任务2即是内循环的for语句,同时也是外循环的语句体。在这里,棋盘共分8列,因此,内循环设置变量j由0开始,到8结束,共循环8次。当外循环i执行一次时,内循环j执行8次,完成8列的输出。当i执行第二次时,内循环再执行8次,完成第二行8列的内容输出,以此类推。当i执行第8次时,内循环再执行8次,完成最后一行的8列输出。此时,外循环i执行8次,内循环j共执行8×8=64次。

好了,再了解了内外循环各自的分工和内容后,要解决内循环具体的显示内容。在棋盘中:

第一行当i=0时是白色和黑色方块交替出现,白色先出现,黑色后出现,实际上也就是当j=0第一次循环时显示白色方块;当j=1时第二次循环显示黑色方块;当j=2时第三次循环显示白色方块;当j=3时第四次循环显示黑方块;j=4第五次循环时显示白色方块;当j=5时第六次循环显示黑色方块;当j=6时第七次循环显示白色方块;当j=7时第八次循环显示黑方块。

第二行当i=1时是黑色和白色方块交替出现,黑色先出现,白色后出现。j此时重新由0开始循环,当j=0第一次循环时显示黑色方块;当j=1时第二次循环显示白色方块;当j=2时第三次循环显示黑色方块;当j=3时第四次循环显示白方块;j=4第五次循环时显示黑色方块;当j=5时第六次循环显示白色方块;当j=6时第七次循环显示黑色方块;当j=7时第八次循环显示白方块。

第三、五、七行与第一行显示相同。第四、六、八行与第二行显示相同。现在从中可以找出白色和黑色的显示规则,在i和j在循环的过程中,如果i+j的数字是偶数,则显示白色方块,例如第一行第五列,此时i=0,j=4,(i+j)%2为0,偶数;第三行第三列,此时i=2,j=2,(i+j)%2为0,偶数。通过规律,可以让所有偶数的方块显示成白色,在这里白色的显示就要用到ASCII中219的值。所有的奇数可以显示成黑色。由于Win-TC的编译效果背景是黑色,因此,只要适当空出位置就可以仿照棋盘的效果出现黑色方框。

内循环代码如下:

```
for(j=0;j<8;j++)
{
    if((i+j)%2==0)
```

```
    {
      printf(" %c",219);
    }
    else
    {
      printf("  ");
    }
}
```

最后在内循环 j 执行 8 次时，说明一行的内容已经显示完成，可以在循环结束时，执行一个“\n”让光标到下一行重新输出 j 的内容。

该任务的整体代码如下：

```
main()
{
    int i,j;
    for(i=0;i<8;i++)
    {
        for(j=0;j<8;j++)
        {
            if((i+j)%2==0)
            {
                printf(" %c",219);
            }
            else
            {
                printf("  ");
            }
        }
        printf("\n");
    }
getch();
}
```

【拓展任务】

求素数任务

【任务描述】

输出100以内的所有素数

【任务分析】

素数是只能被1和它本身整除的整数。判断正整数num是否是素数,一种最直观的方法是在2和num之间能否找到一个整数i将num整除。若存在这样的整数i,则num不是素数;若找不到这样的整数,则num是素数。

现在可以要测试100以内的所有整数,可以把这个任务拆解成两部分,第一部分完成1个数字是否是素数的判断,第二部分把第一部分的1个数字循环成1到100之间的全部数字。

完成本任务包括2个子任务,任务1完成一个整数的素数判断;任务2完成100以内全部素数的判断。

【任务实施】

13.3 任务3:完成一个整数的素数判断

在任务1里,可以先把一个整数拟定为100,现在要做的就是判断100是否是素数。根据上面的分析了解到,判断100是否是素数,只要找到2到100之间是否有一个整数i将100整除。如果可以整除,说明100不是素数,如果不能整除说明100是素数。很明显,100一定不是素数,但用程序该如何实现它的验证呢?

这个问题可以用for语句来解决,事先设定一个flag素数标志变量,初始值设为1,接下来用i来表示除数,它的取值范围是从2到i<100之间的全部数字。i有了取值范围,现在要做的就是完成i整除num(num % i==0)操作。如果可以整除就将flag标志设为0,说明100不是素数,退出循环。如果不能整除,则继续循环i直到找到可以整除的数字退出循环为止。退出循环,使用break。

在C语言中有两种循环中断的控制语句:break和continue。

13.3.1 break 语句

break语句有以下两个作用:

- 可以使程序流程跳出switch结构,继续执行switch语句下面的一个语句;
- 强迫循环立即终止,使程序流程跳出循环结构,执行循环下面的语句。

break语句的一般形式为:

```
break;
```

例如：

```
main()
{
    int i;
    for (i = 0;i<10;i ++ )
    {
      if(i == 5)
      {
          break;
      }
      printf("i = %d\n",i);
    }
    getch();
}
```

运行结果：

i=0

i=1

i=2

i=3

i=4

此程序的作用是输出 i 从 1 到 9 的值。i 的值从 0 开始，每循环一次，i 增加 1。如果 i 增长的值等于 5，则提前结束循环。

注意：break 语句不能用于循环语句和 switch 语句之外的任何其他语句之中。

13.3.2　continue 语句

continue 的作用是结束本次循环，即跳过循环体中下面尚未执行的语句，接着进行下一次是否执行循环的判定。

continue 语句和 break 语句的区别是：continue 语句只结束本次循环，而不是终止整个循环的执行。而 break 语句则是结束整个循环的过程，不再判断执行循环的条件是否成立。现在还用刚才的代码，把 break 换成 continue 试试效果。

```
main()
{
    int i;
    for (i = 0;i<10;i ++ )
```

```
    {
      if(i == 5)
      {
        continue;
      }
      printf("i = %d\n",i);
    }
    getch();
  }
```

运行结果：

i=0

i=1

i=2

i=3

i=4

i=6

i=7

i=8

i=9

现在学会了 break 语句的使用,来试着完成任务 1：

```
int i,num,flag;
num = 100;
flag = 1;
for(i = 2;i<num;i ++ )
{
   if(num % i == 0)
   {
     flag = 0;
     break;
   }
}
if(flag)
{
     printf(" %d 是素数!\n",num);
}
else
```

```
    {
        printf(" %d不是素数!\n",num);
    }
```

13.4　任务4:完成100以内全部素数的验证

在任务1里,完成了一个整数的验证,现在要完成100以内全部整数的验证,也就是说从2到100之间的整数的验证,看来依旧要使用嵌套循环。外循环控制1到100全部数字的逐一显示,内循环控制每一个外循环变化的数字是否是素数的验证。

通过外层循环使num的取值范围从2到100,每次增长1,每增长一次,做一次刚才的内循环验证操作,如果不是素数,则使用continue终止本次循环;如果是素数则输出素数。

本任务的参考代码如下:

```
main()
{
int i,num,flag;

for(num=2;num<100;num++)
{
   flag=1;
   for(i=2;i<num;i++)
   {
     if(num % i==0)
     {
        flag=0;
        break;
     }
   }
   if(flag==0)
      continue;
   printf(" %5d",num);
   }
     getch();
}
```

【小组讨论与呈现作业】

一、选择题:

1. 设j为int型变量,则下面for循环语句的执行结果是(　　)。

```
for(j=10;j>3;j--)
{if(j%3)j--;
--j;--j;
printf(" %d",j);}
```

A. 6 3　　B. 7 4　　C. 6 2　　D. 7 3

2. 以下程序运行后,输出结果是(　　)。

```
main( )
{
   int y=18,i=0,j,a[8];
   do
   {
     a[i]=y%2;i++;
     y=y/2;
   } while(y>=1);
   for(j=i-1;j>=0;j--)
     printf(" %d",a[j]);
   printf("\n");
}
```

A. 10000　　B. 10010　　C. 00110　　D. 10100

3. 必须用一对大括号括起来的程序段是(　　)。

A. switch 语句中的 case 语句　　B. if 语句的分支

C. 循环语句的循环体　　D. 函数的函数体

4. 以下程序的输出结果是(　　)。

```
#include <stdio.h>
main()
{
      int a=0,i;
      for(i=1;i<5;i++)
      {
            switch(i)
            {
                case 0:
                case 3: a+=2;
                case 1:
                case 2: a+=3;
```

```
                default: a+ =5;
            }
        }
        printf(" %d",a);
        getch();
}
```

A. 31　　B. 13　　C. 10　　D. 20

5. 关于跳转语句，下列说法正确的是(　　)。

A. break 语句只适用于循环结构

B. continue 语句只适用于循环结构

C. break 是无条件跳转语句，而 continue 不是

D. break 和 continue 的跳转范围不够明确，容易产生问题

6. 下列 for 语句的循环次数是(　　)。

```
int i,x;
for(i=0,x=0;!x &&i<5;i++)
```

A. 5 次　　B. 6 次　　C. 7 次　　D. 无穷次

二、编程题

1. 请输出九九乘法表。

2. 公元前 5 世纪，我国古代数学家张丘在《算经》一书中提出了"百鸡问题"：100 元钱买 100 只鸡，公鸡 5 元一只，母鸡 3 元一只，小鸡 1 元 3 只。问公鸡、母鸡和小鸡各有多少只？

提示：

$$\begin{cases} 5x+3y+z/3=100(\text{百钱}) \\ x+y+z=100(\text{百鸡}) \end{cases}$$

x 的取值范围为 1～20；

y 的取值范围为 1～33；

z 的取值范围为 3～99，步长为 3。

第二部分：程序设计三大流程结构　常犯错误 11 例

扫一扫可见

第三部分

数 组 的 使 用

任务十四　统计 JACK 一周花费

行动目标：

- ✓ 了解什么是数组及数组的特点
- ✓ 掌握一维数组的定义、数组元素访问的方法
- ✓ 能够统计数组中数据的累加和

【任务描述】

根据录入 JACK 一星期的花费，统计本周 JACK 一共花了多少钱，平均每天花多少钱。通过这个任务，将了解 C 语言中数组元素的定义、赋值、引用方法。

【任务分析】

一周是七天，要统计 JACK 七天的花费，只要定义七个变量来存储这七天的花费金额，然后将这七个变量累加起来，就可以知道 JACK 一周一共花了多少钱。再用总共花费额除以七天，就可以知道平均每天的花费是多少钱。

【任务实施】

14.1　任务 1：使用多个变量实现任务

根据任务分析得出需要定义七个变量来保存每天花费额，在定义变量前，要先分析一下变量所保存数据的特点，来决定变量的数据类型。JACK 每天的花费在几十元到几百元之间，有时因为复印资料还会出现几角钱不够整元的情况，所以保存花费金额的变量可以声明为整型，这样计量单位就是角；变量声明为实型，这样计量单位就是元。因为日常生活中都是以元为单位，所以变量的数据类型应为实型。这样程序的代码如下：

```
main( )
{
   float h1,h2,h3,h4,h5,h6,h7;
   float sum,avg;
   scanf("%f,%f,%f,%f,%f,%f,%f",&h1,&h2,&h3,&h4,&h5,&h6,&h7);
```

```
    sum = h1 + h2 + h3 + h4 + h5 + h6 + h7;
    avg = sum /7;
    printf("sum = %f,avg = %f",sum,avg);
}
```

该任务是要统计一周的花费总和及平均值,如果任务需求变为求一个月或一年的花费总和及平均值呢?难道也要定义30个变量或365个变量来计算总和及平均值吗?显然变量被一个一个定义和一个一个赋值,进行比较和处理非常不便。C语言为我们提供了存储和处理一系列数据的办法,数组就可以用在这种情况中,接下来将了解什么是数组及数组的使用方法。

14.2 任务2:定义用来保存JACK一周花费的数组

1. 数组

数组是同类型的数据集合。数组中的每一个数据称为数组元素。数组在内存中是相连的数据,并且可以通过数组名称和下标具体引用数组中的每一个元素。

2. 数组的定义与声明

数组与其他简单变量一样,必须遵循"先说明,后使用"的原则。即先要指定数组名,数组大小(元素个数)、元素类型,这三者缺一不可。一维数组的定义方式为:

类型说明符　数组名[常量表达式];

例如 int ary[5];

该说明语句定义了一个数组名为ary,有5个元素的整型数组,其下标范围为从0到4,即该数组的5个元素为:ary[0],ary[1],ary[2],ary[3],ary[4]。这5个元素存储在相邻的内存区域中。

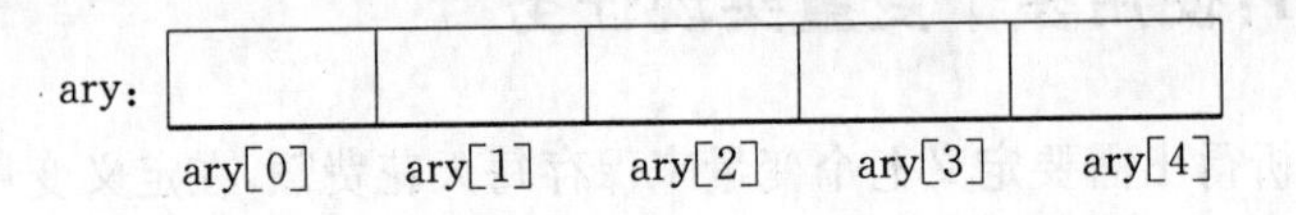

说明:

(1) 类型说明符:数组的类型与简单变量定义相似,是数组中各元素的类型,可以使用前面介绍的基本类型;

(2) 数组名:数组名即数组的标识符,是为数组中各元素取的共同名字,以便引用各元素。数组名必须遵循标识符的命名规则;

(3) 常量表达式:数组名后面方括号中的常量表达式表示数据元素的个数,也称为数组的长度。需要注意的是,常量表达式中可以包含常量或符号常量,但不能包含变量。例如,下面这些声明是合法的:

```
int offset[5 + 3];
float count[5 * 2 + 3];
```

下面是不合法的：

```
int n = 10;
int offset[n];            /* 在声明时,变量不能作为数组的维数 * /
```

(4) 如果数组的长度为 n,数组元素的下标从 0 开始,即第一个元素的下标为 0,最后一个元素的下标为 n−1。

知道了数组的定义方法,就可以定义一个数组来保存 JACK 一周的花费。在数组中需要存储 7 个数据,所以数组的长度应该为 7。由于数组中的数据可能带小数,所以数组应该为实型,所以数组定义如下：

```
float  money[7];
```

数组是定义好了,如何将数据保存到数组中,又如何访问数组中的数据呢?

14.3　任务 3:将 JACK 的一周花费保存到数组中

数组定义好后,就可以使用数组中的每一个元素了。数组元素是整体使用还是一个一个地使用呢? 如何为数组元素赋值和取出数组元素中的值呢? 下面将介绍为数组元素赋值的两种方法:在初始化时为数组元素赋值;在数组定义后为单个数组元素赋值。

1. 一维数组元素的初始化

为数组元素赋值可以有两种方式,一种是在定义数组的时候直接给出数组元素的值,即在数组元素初始化时,为数组元素赋初值。

数组元素的初始化与简单变量的初始化相同,也是在数组定义的同时,给它们以初值。这里是给整个数组直接赋值。

数组的初始化方法为:将数组中各元素的初始值放在{ }中,各初值之间用“,”分隔。初始化有以下几种方式：

对数组的全部元素都赋初值,将所有的值构成初始化列表。如：

```
int a[4] = {1,2,3,4};
```

执行后数组 a 中各元素值为:a[0]=1,a[1]=2,a[3]=2,a[4]=4。

在对数组的全部元素赋值时,可以不指定数组长度,但[ ]不能省掉。如：

```
int a[ ] = {1,2,3,4};
```

在执行该语句之后,系统自动根据初值个数确定数组长度为 4。

对数组的部分元素赋值。这时,只能对数组的前面部分元素赋值,而后面没有赋值的元素其值自动为 0。如：

```
int b[6] = {1,2};
```

初始化结果为:b[0]=1,b[1]=2,b[2]=0,…,b[5]=0。

利用这一点可以对整个数组中的元素清0(即都赋值为0)。如:

```
long c[100] = {0};
```

c数组中的元素值为:c[0]=0,c[1]=0,…,c[99]=0。

注意:

不能对一个元素不赋初值,而对其前后元素赋初值。如:

```
int d[4] = {1, ,2,3};
```

这种用逗号留出空位的方式,编译系统不会识别,作为语法错误。

初始值列表中初值个数不能超过数组的长度,即初值个数等于数组长度。

如此也可以将JACK的花费在数组定义的时候给出来,这样数组中的每个元素都保存了每一天的花费额。如:

```
float  money [7] = { 34.7,25,30.2,18,67,55, 64.4};
```

为数组元素赋值,只有在数组初始化时进行吗,是否能够根据需要在数组定义后,随时改变数组中保存的数值?

2. 一维数组元素的赋值

数组除了可以在定义时为每个数组元素赋初值外,也可以通过赋值语句来为数组元素赋值。当通过赋值语句为数组元素赋值时,只能对数组元素一个一个地赋值,而不能用{ }构成的值列表对数组中的元素整体赋值。如:

```
int  a[3];
a[0] = 1;
a[1] = 2;
a[2] = 3;
```

而不能:a={1,2,3};或a[3]={1,2,3};

也可以根据用户输入的数据为数组赋值。如:

```
scanf(" %d",&a[0]);
scanf(" %d, %d",&a[1], &a[2]);
```

采用赋值语句为数组赋值的方式,将JACK一周花费金额的数组定义代码修改为:

```
float  money [7];
money [0] = 34.7;
money [1] = 25;
money [2] = 30.2;
```

```
money [3] = 18;
money [4] = 67;
money [5] = 55;
money [6] = 64.4;
```

数组定义及赋值完成后，如何访问数组元素进行相应的处理呢？

14.4　任务4：访问保存到数组中的元素

将数据保存到数组中后，如何访问数组中的每个元素？能否像以前访问每个变量那样灵活、方便地访问每一个数组元素？

1. 用下标访问数组元素

数组在定义及赋值之后，又如何使用数组中的数据呢？下面将介绍数组元素的访问方法：

```
int offset[10];
```

上条语句表明该数组是一维数组，里面有10个数，它们分别为offset[0]，offset[1]，…，offset[9]。

```
offset[3] = 25;
offset[5] = 15;
```

上面的例子是把25赋值给整型数组offset的第四个元素。在引用数组元素时，也可以使用变量作为数组下标。如：

```
int i = 5;
offset[i] = offset[3] + offset[5];
```

例题：逐一打印每一个数组元素。

```
main()
{
    int i,array[] = {1,3,5,7,9,11};    /* 这表明数组 array 元素个数为 6 * /
    for(i = 0;i<5;i++)                 /* 只打印输出前 5 个元素. * /
    {
      printf(" %d ",array[i]);
    }
  printf("\n");
}
```

最终结果为 1 3 5 7 9。

14.5 任务5:统计JACK一周花费总和及平均值

掌握了数组元素定义、赋值、访问的方法,现在就可以应用数组完成任务提出的功能了。为了使程序更具灵活性,JACK一周中每天的花费由用户从键盘输入。但是如何将数组中的元素全都加起来呢?是采用 a[0]+a[1]+a[2]+…+a[n]的方法吗?这个方法对于本单元任务确实可行,但是如果以后遇到了元素个数更多,几十个、上百个元素的数组,如何求数组中所有元素的累加和呢?可以用前面学过的循环语句来形成数组元素的下标,逐一访问每个数组元素,将它们全部加起来,这样就解决了求数组累加和的问题。对于平均值,用累加和除以元素个数就可以得到平均值。

输入7个实数存入数组中,然后求出数组中元素的累加和及平均值。任务的实现完整代码如下:

```
main()
{
    float money[7];
    int i;
    float avg ,sum = 0;
    for(i = 0;i<7;i ++ )
    {
      scanf(" %f",&money [i]);
    }
    for(i = 0;i<7;i ++ )
    {
      sum =  money [i] + sum;
    }
    avg = sum /7;
    printf("sum = %f,avg = %f \n",sum,avg);
}
```

在进行数据编程时应注意以下几点:

(1) 数组的下标值要写在方框号内,而不是写在圆括号内;

(2) 在用变量访问数组下标时,变量的变化范围要控制准确,不要使变量超出数组的最大下标值,否则就会造成数组下标越界;

(3) 数组最后一个元素的下标是数组长度减1;

(4) 如果不指定数组的长度,必须在数组定义时进行初始化,而且要给出数组中每一个元素的值;

(5) 在用scanf为数组某个元素赋值时,数组元素前要加"&"符。

【小组讨论与呈现作业】

一、选择题

1. 对以下说明语句的正确理解是(　　)。

int a[10]={6,7,8,9,10};

A. 将 5 个初值依次赋给 a[1]至 a[5]

B. 将 5 个初值依次赋给 a[0]至 a[4]

C. 将 5 个初值依次赋给 a[6]至 a[10]

D. 因为数组长度与初值的个数不相同,所以此语句不正确

2. 以下能对一维数组 a 进行正确初始化的语句是(　　)。

A. int a[10]=(0,0,0,0,0);　　B. int a[10]={ };

C. int a[10]={0};　　D. int a[10]={10*1};

3. 在 C 语言中,引用数组元素时,其数组下标的数据类型允许是(　　)。

A. 整型常量　　B. 整型表达式

C. 整型常量或整型表达式　　D. 任何类型的表达式

4. 以下关于数组的描述正确的是(　　)。

A. 数组的大小是固定的,但可以有不同的类型的数组元素

B. 数组的大小是可变的,但所有数组元素的类型必须相同

C. 数组的大小是固定的,所有数组元素的类型必须相同

D. 数组的大小是可变的,可以有不同的类型的数组元素

5. 以下对一维整型数组 a 的正确说明是(　　)。

A. int a(10);　　B. int n=10,a[n];

C. int n;
scanf("%d",&n);
int a[n];

D. #define SIZE 10
int a[SIZE];

6. 以下对一维数组 m 进行正确初始化的是(　　)。

A. int m[10]=(0,0,0,0) ;　　B. int m[10]={ };

C. int m[ ]={0};　　D. int m[10]={10*2};

7. 假设 int 型变量占两个字节的存储单元,若有定义:int x[10]={0,2,4};则数组 x 在内存中所占字节数为(　　)。

A. 3　　B. 6　　C. 10　　D. 20

二、编程题

1. 利用数组保存输入的成绩,并求总成绩及平均分。

提示:

(1) 声明一个长度为 10 的浮点型数组;

(2) 从键盘上输入 10 个成绩值;

(3) 计算总成绩;

(4) 求出平均成绩;

(5) 输出总成绩和平均成绩;

2. 将十个整数存入数组中，然后倒序输出数组中的所有元素。

提示：

(1) 声明一个长度为10的整型数组；

(2) 从键盘上输入10整数保存到数组中；

(3) 定义一个整型循环变量存放数组元素下标值；

(4) 利用循环语句，通过下标值从9变化到0访问数组中的每一个元素；

(5) 输出数组中的每个元素。

任务十五 统计JACK一周花费额最多及最少值

行动目标：

- ✓ 掌握数组中元素的比较方法
- ✓ 了解字符数组的定义和使用方法
- ✓ 能够统计一组数据中的最值

【任务描述】

根据JACK一星期的花费，来统计这周JACK哪天花的钱最多，哪天花的钱最少。通过这个任务，将了解C语言中数组元素的比较方法。

【任务分析】

通过应用前一单元的知识将JACK一周的花费录入数组中，根据JACK每天的花费情况，找到花钱最多和花钱最少的是哪天及花费金额。也就是在日常生活中，经常需要在一系列数据中找到最大值和最小值。

【任务实施】

15.1 任务1：数组中元素的比较

数组含有许多元素，这些元素如果是可以比较大小的，那就常常需要一种计算方式，求出这些元素中的最大值或最小值。求最值的算法应用在方方面面，比如，如何找出一条街上你喜欢的衣服卖得最便宜的那家店。又比如，当上午第四节课下课铃敲响后，如何找出从教室到食堂最近的一条路等。

当将一组数据存入数组后，可以对其元素进行比较来找到最大值和最小值。求最值是一个“比较”的过程。以5个数的情况为例，看看如何找出5个数中的最大值：

2、3、1、4、0

为了方便表达，用max来表示最大值。

(1) 首先假设第一个数就是最大值，则 max = 2；

(2) 把max和第二个数比较，发现3比max大，于是让 max = 3；

(3) 把 max 和第三个数比较,发现 1 不比 max 大,max 不变;

(4) 把 max 和第四个数比较,发现 4 比 max 大,于是让 max = 4;

(5) 把 max 和第五个数比较,发现 0 不比 max 大,于是 max 不变。

对应的代码为:

```
int n[5] = {2,3,1,4,0};
int max = n[0];
if(max < n[1])
  max = n[1];
if(max < n[2])
  max = n[2];
if(max < n[3])
  max = n[3];
if(max < n[4])
  max = n[4];
```

求五个数的最大值,比较了 4 次,如果求 100 个数的最值呢? 要比较 99 次,按照它的比较规律,总结如下:

(1) 首先假设第一个数就是最大值,则 max= 2;

(2) 把 max 和下一个数比较,如果下一个数比 max 大,则让 max 等于该数;

(3) 重复第二步,直到没有下一个数。

算法就是这样总结描述而来的。这三行描述可以适用于无论多少个数求最大值的情况,这是你的算法是否正确的一个必要条件,如果你的算法表达的长短依赖于具体数据的个数,那么你的算法不是通用的算法,不管是否能解决问题。我们在描述中看到了"如果",看到"重复","如果"就是"分支流程",就是 if 或 switch;而"重复"就是"循环流程",是 for 或 while 或 do... while。将代码重新修改为:

```
int n[5] = {2,3,1,4,0};
int max = n[0];
for( int i = 1; i < 5; i++ )
{
    if(n[i] >max)
    {
        max = n[i];
    }
}
```

15.2　任务2:统计这周JACK哪天花的钱最多、哪天花钱最少

了解了数组元素求最大值的方法,那么在数组中求最小值也是一样的操作。可以同时比较出最小值。那么如何保存最值的位置呢？在比较的同时用变量将最值的下标保存起来即可。因为花费是按顺序录入的,而数组的下标是从0开始的,而一周中第一天的花费是第一个数据,下标值和星期值正好差1,这样根据最值的下标值,就可以知道是第几天,这样就可以实现任务的功能。代码如下：

```
main()
{
    float money[7];
    int i, maxIndex,minIndex;
    folat max ,min;
    for(i=0;i<7;i++)
    {
        scanf(" %f",&money[i]);
    }
    maxIndex=minIndex=1;
    max=min=money[0];
    for(i=1;i<7;i++)
    {
      if(max<money[i])
      {
        max=money[i];
        maxIndex=i;
      }

      if(min>money[i])
      {
        min=money[i];
        minIndex=i;
      }
    }
    maxIndex++;
    minIndex++;
    printf("max=%f,maxIndex=%d \n",max,maxIndex);
    printf("min=%f,minIndex=%d \n",min,minIndex);
}
```

15.3 任务3:统计本周JACK有几天超出日平均花费值

问题分析:首先要通过JACK每天的花费求出每天平均花费,然后再将每天的花费同平均花费来比较,如果当天花费比平均花费高,就将天数变量值加1,这样就可以得到共有几天的花费超过了日平均花费。

```
main()
{
    float money[7];
    int i, intDays;
    float avg,sum;
    avg = sum = 0;
    intDays = 0;
    for(i = 0;i<7;i++)
    {
        scanf(" %f",&money[i]);
        sum = sum + money[i];
    }
    avg = sum /7;
    for(i = 1;i<7;i++)
    {
        if(avg<money[i])
        {
            intDays++;
        }
    }
    printf("Days = %d \n", intDays);
}
```

【知识拓展】

1. 字符数组

整数和浮点数数组很好理解,在一维数组中,还有一类字符型数组。

```
char array[5] = {'H','E','L','L','O'};
```

对于单个字符,必须要用单引号括起来。又由于字符和整型是等价的,所以上面的字符型数组也可以这样表示:

```
char array[5] = {72,69,76,76,79};    /* 用对应的 ASCII 码 * /
```

例：

```
main()
{
    int i;
    char array[5] = {'H','E','L','L','O'};
    for(i = 0;i<5;i++)  printf(" %d ",array[i]);
    printf("\n");
}
```

最终的输出结果为 72 69 76 76 79

可以直接使用字符串为字符数组赋值，看下面：

```
char array[] = "HELLO";
```

如果能看到内部的话，实际上编译器是这样处理的：

```
char array[] = {'H','E','L','L','O','\0'};
```

看上面最后一个字符 '\0'，它是一个字符常量，C 编译器总是给字符型数组的最后自动加上一个\0，这是字符串的结束标志。所以虽然"HELLO"只有 5 个字符，但存入到数组的个数却是 6 个。

2. 字符串常量

字符串常量是指用一对双引号括起来的一串字符。双引号只起定界作用，双引号括起的字符串中不能是双引号(")和反斜杠(\)，它们特有的表示法在转义字符中介绍，例如："China","Cprogram","YES&NO","33312－2341","A" 等。C 语言中，字符串常量在内存中存储时，系统自动在字符串的末尾加一个“串结束标志”，即 ASCII 码值为 0 的字符 NULL，常用\0 表示。因此在程序中，长度为 n 个字符的字符串常量，在内存中占有 n+1 个字节的存储空间。例如，字符串 China 有 5 个字符，作为字符串常量"China"存储于内存中时，共占 6 个字节，系统自动在后面加上\0 字符，其存储形式为：

C	h	i	n	a	\0

要特别注意字符与字符串常量的区别，除了表示形式不同外，其存储性质也不相同，字符 'A' 只占 1 个字节，而字符串常量"A"占 2 个字节。

3. 字符数组与字符串

在 c 语言中，将字符串作为字符数组来处理。

在实际应用中人们关心的是有效字符串的长度而不是字符数组的长度，例如，定义一个字符数组长度为 100，而实际有效字符只有 40 个，为了测定字符串的实际长度，C 语言规定了一个“字符串结束标志”，以字符 '\0' 代表。如果有一个字符串，其中第 10 个字符为 '\0'，则此字符串的有效字符为 9 个。也就是说，在遇到第一个字符 '\0' 时，表示字符串结束，由它前面的字符组成字符串。

系统对字符串常量也自动加一个 '\0' 作为结束符。例如"C Program"共有 9 个字符，但在内存中占 10 个字节，最后一个字节 '\0' 是系统自动加上的(通过 sizeof()函数可验证)。

有了结束标志 '\0' 后，字符数组的长度就显得不那么重要了，在程序中往往依靠检测'\0'的位置来判定字符串是否结束，而不是根据数组的长度来决定字符串长度。当然，在定义字符数组时应估计实际字符串长度，保证数组长度始终大于字符串实际长度(在实际字符串定义中，常常并不指定数组长度，如 char str[ ])。

说明：'\n' 代表 ASCII 码为 0 的字符，从 ASCII 码表中可以查到 ASCII 码为 0 的字符不是一个可以显示的字符，而是一个“空操作符”，即它什么也不干。用它来作为字符串结束标志不会产生附加的操作或增加有效字符，只起一个供辨别的标志。

对 C 语言处理字符串的方法有以上的了解后，再对字符数组初始化的方法补充一种方法——即可以用字符串常量来初始化字符数组：

```
char str[ ] = {"I am happy"};         /* 可以省略花括号,如下所示 * /
char str[ ] = "I am happy";
```

注意：上述这种字符数组的整体赋值只能在字符数组初始化时使用，不能用于字符数组的赋值，字符数组的赋值只能对其元素一一赋值，下面的赋值方法是错误的：

```
char str[ ];
str = "I am happy";
```

不是用单个字符作为初值，而是用一个字符串(注意：字符串的两端是用双引号""而不是单引号''括起来的)作为初值。显然，这种方法更直观方便(注意：数组 str 的长度不是 10，而是 11，这点请务必记住，因为字符串常量"I am happy"的最后由系统自动加上一个'\0')。

因此，上面的初始化与下面的初始化等价：

```
char str[ ] = {'I',' ','a','m',' ','h','a','p','p','y','\0'};
```

而不与下面的等价：

```
char str[ ] = {'I',' ','a','m',' ','h','a','p','p','y'};
```

前者的长度是 11，后者的长度是 10。

说明：字符数组并不要求它的最后一个字符为 '\0'，甚至可以不包含 '\0'，像下面这样写是完全合法的：

```
char str[5] = {'C','h','i','n','a'};
```

可见,用两种不同方法初始化字符数组后得到的数组长度是不同的。

```
#include <stdio.h>
void main(void)
{
    char c1[] = {'I',' ','a','m',' ','h','a','p','p','y'};
    char c2[] = "I am happy";
    int i1 = sizeof(c1);
    int i2 = sizeof(c2);
    printf(" %d\n",i1);
    printf(" %d\n",i2);
}
```

输出结果:10　11

【小组讨论与呈现作业】

一、选择题

1. 若已定义 c 为字符型变量,则下列语句中正确的是(　　)。

A. c='97'　　B. c="97"　　C. c=97　　D. c="a"

2. 运行下面程序,若从键盘输入字母 b,则输出结果是(　　)。

```
main( )
{   char c;
    c = getchar( );
    if(c>= 'a'&&c < 'u') c = c + 4;
    else if(c>= 'v'&&c < 'z') c = c - 21;
        else printf("input error!\n");
    putchar(c);
}
```

A. g　　B. w　　C. f　　D. d

3. 下面程序的运行结果是(　　)。

```
#include "stdio.h"
main( )
{   char a[] = "morning",t;
    int i,j = 0;
    for(i = 1;i<7;i++)
      if(a[j]<a[i]) j = i;
    t = a[j]; a[j] = a[7]; a[7] = a[j];
    puts(a);
}
```

A. mrgninr B. mo C. moring D. morning

4. 对以下说明语句的正确理解是(　　)。

int a[10]={6,7,8,9,10};

A. 将5个初值依次赋给a[1]至a[5]

B. 将5个初值依次赋给a[0]至a[4]

C. 将5个初值依次赋给a[6]至a[10]

D. 因为数组长度与初值的个数不相同,所以此语句不正确

5. 以下能对一维数组a进行正确初始化的语句是(　　)。

A. int a[10]=(0,0,0,0,0); B. int a[10]={ };

C. int a[10]={0}; D. int a[10]={10 * 1};

6. 设有数组定义:char array[ ]="China";则数组array所占的空间为(　　)。

A. 4个字节 B. 5个字节 C. 6个字节 D. 7个字节

7. 已知大写字母A的ASCII码是65,小写字母a的ASCII码是97,则以下不能将变量c中的大写字母转换为对应小写字母的语句是(　　)。

A. c=(c-'A')%26+'a'; B. c=c+32;

C. c=c-'A'+'a'; D. c=('A'+c)%26-'a';

8. 以下能正确定义一维数组的选项是(　　)。

A. int a[5]={0,1,2,3,4,5};

B. char a[]={'0','1','2','3','4','5','\0'};

C. char a={'A','B','C'};

D. int a[5]="0123";

9. 若有数组定义 int a[10]={9、4、12、8、2、10、7、5、1、3};该数组的元素中,数值最小的元素的下标值是(　　)。

A. 1 B. 8 C. 7 D. 9

10. 现有如下程序:

```
main( )
{   int k[30] = {12,324,45,6,768,98,21,34,453,456};
    int count = 0, i = 0;
    while(k[i])
    {  if(k[i] %2 == 0 || k[i] %5 == 0) count ++;
       i++;
    }
    printf(" %d, %d\n",count, i);
}
```

则程序的输出结果为(　　)。

A. 7,8 B. 8,8 C. 7,10 D. 8,10

二、编程题

1. 输入班级10名学生的身高，统计这10名学生的最高身高和最低身高及身高超过175cm的学生人数。

提示：

(1) 声明一个长度为10的整型数组；

(2) 从键盘上输入10名学生的身高；

(3) 利用循环语句比较数组中元素的最大值和最小值；

(4) 在上步中同时统计身高在175 cm以上的人数；

(5) 输出最高身高、最低身高及175 cm以上学生人数；

2. 输入班级10名学生的C语言考试课成绩，将分值在55～60分之间的学生成绩提升5分，显示提升后所有学生的成绩。

提示：

(1) 声明一个长度为10的整型数组；

(2) 从键盘上输入10名学生的成绩；

(3) 找出成绩在55－60分之间的成绩提升5分；

(4) 输出提升后所有学生的成绩。

任务十六　生成随机彩票号

行动目标：

- ✓ 了解什么是随机数
- ✓ 掌握函数 rand 的使用方法
- ✓ 能够根据要求产生指定范围内的随机数

【任务描述】

经常看到彩迷们到彩票站去买彩票。有些人是让工作人员打出自己选定的号，有些人让工作人员打出一组机选彩票号，今天就来做一个让电脑随机生成一组彩票号的程序(假设采用 22 选 5 的方式，从 1 至 22 个数中随机产生 5 个)。

【任务分析】

需要保存 1 至 22 之间的 5 个数，但这 5 个数不是固定的，而是随机变化产生的。怎样随机变化产生一个数是解决这个问题的难点。C 语言是否有可以随机生成数的函数呢，在这节课中将会介绍。

【任务实施】

16.1　任务 1：了解 C 语言中的随机函数

为了实现任务的功能，首先要了解一下随机数。随机数是指在一定数值范围内随机生成的一个数值。

在 C 语言中取随机数所需要的函数是：

```
int rand(void);
void srand (unsigned int n);
```

rand()函数和 srand()函数被声明在头文件 stdlib.h 中，所以要使用这两个函数必须包含该头文件：

```
#include <stdlib.h>
```

现在知道了可以用来产生随机数的函数名称，如何来使用这两个函数产生出所要的随机数呢？

16.2 任务2:生成一个随机数

rand()函数返回0到RAND_MAX之间的伪随机数(pseudorandom)。RAND_MAX常量被定义在stdlib.h头文件中。其值等于32767,或者更大。

srand()函数使用自变量n作为种子,用来初始化随机数产生器。只要把相同的种子传入srand(),然后调用rand()时,就会产生相同的随机数序列。因此,可以把时间作为srand()函数的种子,就可以避免重复的发生。如果调用rand()之前没有先调用srand(),就和事先调用srand(1)所产生的结果一样。

/* 例1:不指定种子的值 */

```
for (int i = ; i<10; i++)
{
    printf(" %d ", rand() %10);
}
```

每次运行都将输出:1 7 4 0 9 4 8 8 2 4

/* 例2:指定种子的值为1 */

```
srand(1);
for (int i = ; i<10; i++)
{
    printf(" %d ", rand() %10);
}
```

每次运行都将输出:1 7 4 0 9 4 8 8 2 4

例2的输出结果与例1是完全一样的。

/* 例3:指定种子的值为8 */

```
srand(8);
for (int i = ; i<10; i++)
{
    printf(" %d ", rand() %10);
}
```

每次运行都将输出:4 0 1 3 5 3 7 7 1 5

该程序取得的随机值也是在[0,10)之间,与srand(1)所取得的值不同,但是每次运行程序的结果都相同。

/* 例4:指定种子值为现在的时间 */

```
srand((unsigned)time(NULL));
for (int i=; i<10; i++)
{
    printf(" %d ", rand() %10);
}
```

该程序每次运行结果都不一样，因为每次启动程序的时间都不同。另外需要注意的是，使用 time()函数前必须包含头文件 time.h。

注意事项：求一定范围内的随机数。

如要取[0,10)之间的随机整数，需将 rand()的返回值与 10 求模。

```
randnumber = rand() % 10;
```

那么，如果取的值不是从 0 开始呢？你只需要记住一个通用的公式。

要取[a,b)之间的随机整数(包括 a，但不包括 b)，使用：

```
(rand() % (b - a)) + a
```

要取得 0~1 之间的随机浮点数，可以用：

```
rand() /(double)(RAND_MAX)
```

如果想取更大范围的随机浮点数，比如 0~100，可以采用如下方法：

```
rand() /((double)(RAND_MAX)/100)
```

16.3　任务3：生成随机彩票号

现在了解了随机数的使用方法，和产生[a,b)之间的随机整数的公式(rand() % (b − a)) + a，任务也就好解决了。任务提出是在 1 至 22 之间选取 5 个数，为了方便保存和比较这 5 个数，将这 5 个数放入数组中。这样任务的实现代码就可以如下所示：

```
main( )
{
    int r[5];
    int i=0;
    srand((unsigned)time(NULL));
    for (int i=0; i<5; i++)
    {
        r[i]=(rand() % (23 - 1)) + 1;
```

```
        printf(" %d ", r[i]);
    }
}
```

上面程序代码是从 1 至 22 中随机产生了 5 个数，但这 5 个数中是不是也有可能有 2 个或多个数是重复的呢？如果让你产生 1 至 22 中 5 个不重复的随机数，你将如何做呢？

16.4 任务 4：产生两个互不重复的随机数的方法

首先产生第一个随机数，然后再产生第二个随机数。这时判断第二个随机数是否同第一个随机数相同，如果相同再重新产生第二个随机数，再重新判断，直到第二个随机数和第一个随机数不同时为止。这样的不断产生判断结构流程图如图 16－1 所示：

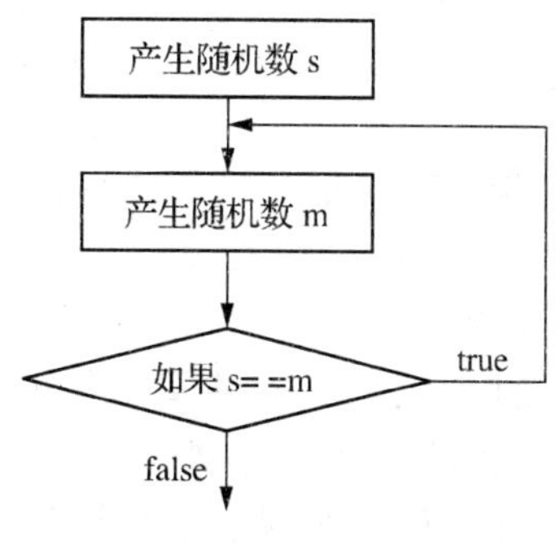

图 16－1　随机数流程图

通过流程图可以看出，用循环结构结合判断结构可以实现这个功能。代码如下：

```
main( )
{
    int s,m;
    srand((unsigned)time(NULL));
    s = rand() % 10;
    m = rand() % 10;
    while(s == m)
    {
        m = rand() % 10;
    }
    printf("s = %d,m = %d ", s,m);
}
```

【知识拓展】

伪随机浮点数

首先需要声明的是,计算机不会产生绝对随机的随机数,计算机只能产生"伪随机数"。其实绝对随机的随机数只是一种理想的随机数,即使计算机怎样发展,它也不会产生一串绝对随机的随机数。计算机只能生成相对的随机数,即伪随机数。伪随机数并不是假随机数,这里的"伪"是有规律的意思,就是计算机产生的伪随机数既是随机的又是有规律的。

那么计算机中随机数是怎样产生的呢?有人可能会说,随机数是由"随机种子"产生的。没错,随机种子是用来产生随机数的一个数,在计算机中,这样的一个"随机种子"是一个无符号整型数。那么随机种子是从哪里获得的呢?随机种子来自系统时钟,确切地说,是来自计算机主板上的定时/计数器在内存中的记数值。随机数是由随机种子根据一定的计算方法计算出来的数值。所以,只要计算方法一定,随机种子一定,那么产生的随机数就不会变。

【小组讨论与呈现作业】

一、编程题

1. 编写22选5机选号码生成程序,要求产生5个不重复的随机数。

提示:

(1) 声明一个长度为5的整型数组;

(2) 随机产生一个1至22之间的随机数,保存到数组第一个元素中;

(3) 再随机产生一个1至22之间的随机数,如果这个数不等于数组中的第一个元素,则将这个数保存到数组中的第二个元素中,如果这个数与数组中的第一个元素相等,则再产生一个随机数,直到同数组中第一个元素不等为止,将其保存到数组第二个元素中;

(4) 应用第3步相似方法,产生第3、4、5个随机数;

(5) 输出这5个随机数形成的彩票号。

2. 编写机器产生1至22中5个不重复的数作为中奖号码,用户输入自己选定的5个数形成的彩票号,核对用户选定的号是否中奖,其中有几个数在中奖号码中出现。

提示:

(1) 按第一题中的办法生成中奖号码;

(2) 声明一个长度为5的整型数组;

(3) 将用户输入的彩票号保存到数组中;

(4) 逐位比对两个数组中对应位置的元素,并记录相同值个数;

(5) 判断相同值个数如果是5,则输出用户的彩票中奖;如果相同值个数不是5,则输出相同值个数。

任务十七　冒泡排序

行动目标：

✓ 了解数组的常用排序方法
✓ 掌握数组冒泡排序方法
✓ 了解二维数组的定义及引用

【任务描述】

将十名学生的数学成绩存入数组，按学生的成绩按从小到大的顺序输出十名学生的成绩。通过这个任务，将了解数组元素的引用及数组中数据排序的方法。

【任务分析】

当对一列数据进行排序时，可以通过几轮将数据完全排好。在第一轮找到最大的，将它放在数组中最后一个元素位置，第二轮再找到次大的，放在倒数第二个位置，这样几次下来，数据就会按从小到大的顺序排好了。

【任务实施】

17.1　任务1：数组的排序方法

将数据存放到数组中后，如何将数据按照大小进行排序？在本单元中将了解数组排序的方法和使用冒泡法对数组进行排序。

数组的排序算法分类如下：

(1) 插入排序(直接插入排序、折半插入排序、希尔排序)
(2) 交换排序(冒泡排序、快速排序)
(3) 选择排序(直接选择排序、堆排序)
(4) 归并排序
(5) 基数排序

不同算法编程实现的难度、代码的健壮性、排序效率也不同。本单元主要介绍冒泡排序法。

17.2 任务2:利用冒泡法对数组进行排序

有多种方法可对数组中的元素进行排序,冒泡排序法就是最常用方法之一。

冒泡排序的基本概念:依次比较相邻的两个数,将小数放在前面,大数放在后面。即在第一趟:首先比较第1个和第2个数,将小数放前,大数放后。然后比较第2个数和第3个数,将小数放前,大数放后,如此继续,直至比较最后两个数,将小数放前,大数放后。至此第一趟结束,将最大的数放到了最后。在第二趟:仍从第一对数开始比较(因为可能由于第2个数和第3个数的交换,使得第1个数不再小于第2个数),将小数放前,大数放后,一直比较到倒数第二个数(倒数第一的位置上已经是最大的),第二趟结束,在倒数第二的位置上得到一个新的最大数(其实在整个数列中是第二大的数)。如此下去,重复以上过程,直至最终完成排序。

由于在排序过程中总是小数往前放,大数往后放,相当于气泡往上升,所以称作冒泡排序。

例如:将该组数值10、8、5、7、3、1从按从小到大的顺序输出。

10	8	5	7	3	1
a[0]	a[1]	a[2]	a[3]	a[4]	a[5]

第1轮

a[0]	10	8	8	8	8	8
a[1]	8	10	5	5	5	5
a[2]	5	5	10	7	7	7
a[3]	7	7	7	10	3	3
a[4]	3	3	3	3	10	1
a[5]	1	1	1	1	1	10

第2轮

a[0]	8	5	5	5	5
a[1]	5	8	7	7	7
a[2]	7	7	8	3	3
a[3]	3	3	3	8	1
a[4]	1	1	1	1	8
a[5]	10	10	10	10	10

第 3 轮

a[0]	5	5	5	5
a[1]	7	7	3	3
a[2]	3	3	7	1
a[3]	1	1	1	7
a[4]	8	8	8	8
a[5]	10	10	10	10

第 4 轮

a[0]	5	3	3
a[1]	3	5	1
a[2]	1	1	5
a[3]	7	7	7
a[4]	8	8	8
a[5]	10	10	10

第 5 轮

a[0]	3	1
a[1]	1	3
a[2]	5	5
a[3]	7	7
a[4]	8	8
a[5]	10	10

```
main()
{
    int a[6] = {10,8,5,7,3,1};
    int t, i,j ;
    for(i = 0;i<6;i++ )
    {
       for(j = 0;j<6 - i;j++ )
       {
           if (a[j] > a[j+1])
           {  t=a[j]; a[j]=a[j+1];  a[j+1]=t;  }
```

```
        }
    }
    for(i=0;i<6;i++)
    {
        printf(" %4d,",a[i]);
    }
}
```

17.3 任务3:学生成绩排序输出

利用数组冒泡排序算法,对学生成绩进行排序。

```
main()
{
    int array[10];
    int i,j,min,stmp;
    for(i=0;i<10;i++)
    {
        scanf(" %d",&array[i]);
    }

    for(i=0;i<10;i++)
    {
     for(j=0;j<10-i;j++)
     {
          if (array [j] > array [j+1])
          {
            t= array[j];
            a[j]= array[j+1];
             array[j+1]=t;
          }
       }
    }
    for(i=0;i<10;i++) printf(" %d ",array[i]);
    printf("\n");
}
```

【知识拓展】

1. 二维数组

二维数组的定义与一维数组的定义相似，只是比一维数组的定义中多了一个长度用来指示数组的列数。定义的一般形式为：

```
数组类型　数组名[常量表达式1][常量表达式2];
```

其中，常量表达式1用来指示二维数组的行数，常量表达式2用来指示二维数组的列数，它们都必须是正整数，其他特性与一维数组一样。如：

```
int b[2][3];
```

2. 二维数组的初始化

初始化有以下几种方式：

(1) 按行给二维数组赋初值。每一行的初值都用大括号{ }括起来。如：

```
int  a[3][4] = {{1,2,3,4},{5,6,7,8},{9,10,11,12}};
```

也可以对部分元素赋值，这时其余元素值为0。如：

```
int b[2][3] = {{1,2}{3}};
```

(2) 按线性存储形式给二维数组赋值。将初值表中的值按行从第1行开始，逐行赋值。如：

```
int a[3][4] = {1,2,3,4,5,6,7,8,9,10,11,12};
```

该语句执行结果为：将1～4赋值给第1行，将5～8赋值给第2行，将9～12赋值给第3行。

当然，也可以只给部分元素赋值，这时候，后面行中的元素值为0。如：

```
int b[2][3] = {1,2,3};
```

其执行结果第2行中的元素全部为0。

还可以按省略第一维长度的方式给二维数组赋初值。在以分行方式给数组赋初值时，根据分行赋值的大括号{}的个数决定第一维的大小。如：

```
int c[ ][3] = {{1,2},{3}};
```

可知数组c的第一维长度为2。

在按线性方式给数组赋初值时，根据初值表中元素的个数与第二维的长度计算出第一维的长度。如：

```
int  d[][3]={1,2,3,4,5,6,7,8,9};
```

可知数组 d 的第一维的长度为 3。

注意：

在定义数组并赋初值时，不能省略数组的第二维长度；在赋初值时，初值表中的初值个数不能大于数组的元素个数；在按分行赋值方式中，每行中的元素个数不能大于第二维的长度，分行赋值的大括号{}的个数不能大于第一维的长度；

如果在定义二维数组时没有赋初值，不能省略各维的长度；并且初值表不能为空。如：

```
int a[3][4]={ };
```

这会产生语法错误。

3. 二维数组的赋值

与一维数组相似，定义之后对元素赋值，只能逐个元素单独赋值，无法实现整体赋值。对于二维数组的赋值，一般采用二重循环语句来实现。如下面的程序段：

```
int  a[3][4],i,j;
for(i=0;i<3;i++)
   for(j=0;j<4;j++)
      scanf("%d",&a[i][j]);
```

当然还有多维数组，其定义和操作与二维数组相似。由于三维及以上的数组的应用比较少，因而本教材不介绍。

【小组讨论与呈现作业】

一、选择题

1. 若有定义：int b[3][4]={0}；则下述正确的是（　　）。

A. 此定义语句不正确

B. 没有元素可得初值 0

C. 数组 b 中各元素均为 0

D. 数组 b 中各元素可得初值但值不一定为 0

2. 若有以下数组定义，其中不正确的是（　　）。

A. int a[2][3]；

B. int b[][3]={0,1,2,3}；

C. int c[100][100]={0}；

D. int d[3][]={{1,2},{1,2,3},{1,2,3,4}}；

3. 若有以下的定义：int t[5][4]；能正确引用 t 数组的表达式是（　　）。

A. t[2][4]　　B. t[5][0]　　C. t[0][0]　　D. t[0,0]

4. 下述对 C 语言字符数组的描述中正确的是（　　）。

A. 任何一维数组的名称都是该数组存储单元的开始地址，且其每个元素按照顺序连续占用存储空间

B. 一维数组的元素在引用时其下标大小没有限制

C. 任何一个一维数组的元素，可以根据内存的情况按照其先后顺序以连续或非连续的方式占用存储空间

D. 一维数组的第一个元素是其下标为 1 的元素

5. 若给出以下定义：

```
char x[] = "abcdefg";
char y[] = {'a','b','c','d','e','f','g'};
```

则正确的叙述为（　　）。

A. 数组 x 和数组 y 等价

B. 数组 x 和数组 y 的长度相同

C. 数组 x 的长度大于数组 y 的长度

D. 数组 y 的长度大于数组 x 的长度

6. 阅读下面程序，则程序段的功能是（　　）。

```
main( )
{ int c[] = {23,1,56,234,7,0,34},i,j,t;
  for(i=1;i<7;i++)
    { t=c[i];j=i-1;
      while(j>=0 && t>c[j])
        {c[j+1]=c[j];j--;}
      c[j+1]=t;
    }
  for(i=0;i<7;i++)
    printf(" %d ",c[i]);
  putchar('\n');
}
```

A. 对数组元素的升序排列

B. 对数组元素的降序排列

C. 对数组元素的逆序排列

D. 对数组元素的随机排列

二、阅读程序填空

```
1. main()
{
```

```
    inti,a[10] = {0};
    for(i = 0;i < 9;i ++ )
        a[i] = i;
    for(i = 9;i> = 0;i - - )
        printf(" %d",a[i]);
    getch();
}
```

以上程序的运算结果是:＿＿＿＿＿＿。

2. 有如下程序,该程序的执行结果是＿＿＿＿＿＿。

```
main()
{
    inti,sum = 0;
    for(i = 1;i < 3;i ++ )
      sum ++ ;
    printf(" %d\n",sum);
    getch();
}
```

3. 以下程序的输出结果是＿＿＿＿。

```
main()
{
    int a,b;
    for(a = 1,b = 1;a < 100;a ++ )
    {   if(b> = 10)
          break;
        if(b % 3 == 1)
        {  b + = 3;
           continue;
        }
    }
    printf(" %d\n",a);
    getch();
}
```

4. 若定义如下变量和数组：

```
int i;
int x[3][3] = {1,2,3,4,5,6,7,8,9};
```

则下面语句的输出结果是______________________。

```
for(i = 0;i<3;i ++ )
   printf(" %3d",x[i][2 - i]);
```

三、阅读程序，将程序补充完整

1. 以下程序段可实现给数组中所有的元素输入数据，请将正确答案填入横线处。

```
#include <stdio.h>
main()
{
   int a[10],i = 0;
   while(i<10)
   {  scanf(" %d",①);
      i ++;
   }
}
```

2. 补充下列程序，实现求数组的最小值。

```
#include <stdio.h>
main()
{
   inti,f[8] = {50,60,45,67,90,81,51,69},min = 0;
   min = f[0];
   for(i = 0;____②____;i ++ )
   {
      if(____③____)
       min = f[i];
   }
   printf("min = %d",min);
   getch();
}
```

3. 补充下列程序,实现数组元素从大到小排序。

```
#define N 10
main()
{
    int a[N] = {90,88,50,10,46,21,37,28,8,64};
    inti,j,temp;
    for(i = 0;i<N - 1;i++)
    {
       for(j = 0;____④____;j++)
       {
          if(____⑤____)
          {
               temp = a[j];
               a[j] = a[j + 1];
               a[j + 1] = temp;
          }
       }
    }
    for(i = 0;i<N;i++)
    printf(" %5d",a[i]);
    getch();
}
```

四、编程题

1. 编写程序实现:利用数组保存输入的10个成绩,统计并输出低于60分学生的人数。

提示:

(1) 声明一个长度为10的整型数组;

(2) 从键盘上输入10名学生的成绩;

(3) 声明一个整型变量,保存低于60分学生的个数;

(4) 将数组中每个元素同60比较,如果少于60,保存低于60分个数的变量自加1;

(5) 输出低于60分学生人数。

2. 编程从键盘输入一个5行5列的二维数组数据,并找出数组中的最大值及其所在的行下标和列下标;找出最小值及其所在的行下标和列下标。要求打印格式,例如最大值形式:Max=最大值,row=行标,col=列。

提示:

(1) 声明一个5行5列整型的二维数组;

(2) 声明两个整型变量,分别保存最大值和最小值;

(3) 声明四个整型变量,分别保存最大值行列下标和最小值行列下标;

(4) 数组中第一行第一列的值为最大值和最小值变量赋值；

(5) 利用两层循环分别来访问行下标和列下标，取出二维数组中的每个元素同最大、最小值比较，如果数组元素是新的最值，同时更新行列下标变量中的值；

(6) 按要求格式输出结果。

第三部分：数组的使用　常犯错误15例

扫一扫可见

第四部分

结 构 化 程 序 设 计

任务十八　制作一个登陆计算器的界面

行动目标：

- 掌握无参函数的定义与调用
- 理解无参函数的调用过程

【任务描述】

Jack 正在为制作一个计算器做前期的准备，具体规划是：当程序运行时，如果输入字母 y，则进入计算器的主页面，如图 18－1；如果输入字母 n，则退出程序；如果输入其他信息，则程序能够提示“输入有错误请重新输入”这样的信息。

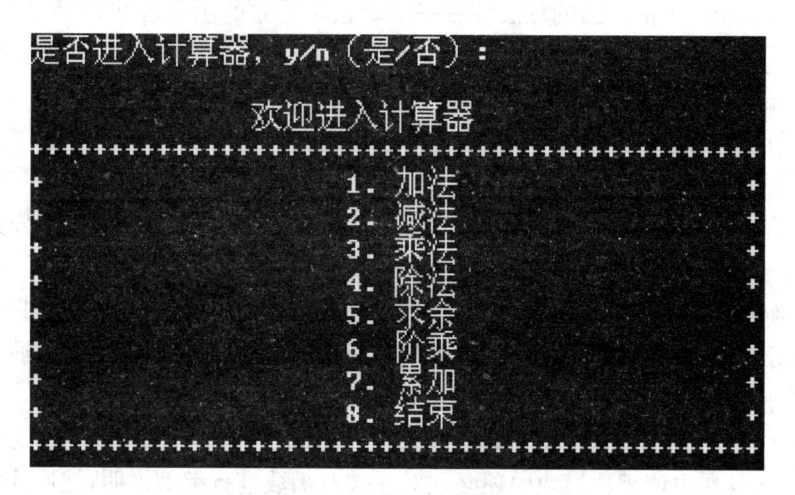

图 18－1　计算器主页面

【任务分析】

通过已有的知识结构完成以上问题并非难事，只需要在主函数中顺序编写判断语句，是否进入计算器主页面。但如何使程序的可读性更好，而且尽量减少程序中重复代码段的书写？就可以利用函数很好地解决这个问题。

完成本任务需要 4 个任务，任务 1 认识函数，任务 2 函数的定义，任务 3 计算器主页面函数的定义，任务 4 主函数的编写与函数的调用。

【任务实施】

18.1 任务1：认识函数

在学习数学时经常会遇到“函数”这个词，但在计算机高级语言中，“函数”更多表示的不是数学上的概念，而是指某种具体的功能。

为了解决本任务，C语言将程序按功能分割成一系列的小模块，所谓“小模块”，可理解为完成一定功能的可执行代码块，称之为“函数”。函数是C语言源程序的基本功能单位，C语言源程序均是由函数组成的。

编写一函数(包括主函数main在内)就称为函数的定义。具体的说，就是使用C语言所提供的过程控制语句把源程序文件中使用到的函数按照执行逻辑布置。

在前面已经介绍过，C源程序是由函数组成的。虽然在前面项目中大都只有一个主函数main()，但实际程序往往由多个函数组成。函数是C源程序的基本模块，通过对函数模块的调用实现特定的功能。C语言中的函数相当于其他高级语言的子程序。C语言不仅提供了极为丰富的库函数(如Turbo C，MSC都提供了三百多个库函数)，还允许用户建立自己定义的函数。用户可把自己的算法编成一个个相对独立的函数模块，然后用调用的方法来使用函数。可以说C程序的全部工作都是由各式各样的函数完成的，所以也把C语言称为函数式语言。

由于采用了函数模块式的结构，C语言易于实现结构化程序设计。使程序的层次结构清晰，便于程序的编写、阅读、调试。

在C语言中可从不同的角度对函数分类。从函数定义的角度看，函数可分为库函数和用户定义函数两种。

(1) 库函数：由C系统提供，用户无须定义，也不必在程序中作类型说明，只需在程序前包含该函数原型的头文件即可在程序中直接调用。在前面各任务的例题中反复用到printf、scanf、getchar、putchar、gets、puts、strcat等函数均属此类。

(2) 用户定义函数：由用户按需要写的函数。对于用户自定义函数，不仅要在程序中定义函数本身，而且在主调函数模块中还必须对该被调函数进行类型说明，然后才能使用。

18.2 任务2：函数的定义

无参函数定义的基本形式：

```
类型标识符 函数名()
{
    声明部分
    语句部分
}
```

其中类型标识符和函数名称为函数头。类型标识符指明了本函数的类型，函数的类型实际上是函数返回值的类型。该类型标识符与前面介绍的各种说明符相同。函数名是由用户定义的标识符，函数名后有一个空括号，其中无参数，但括号不可少。

{}中的内容称为函数体。在函数体中声明部分，是对函数体内部所用到的变量的类型说明。

在很多情况下都不要求无参函数有返回值，此时函数类型符可以写为 void。

例如，编写一个函数，输出一行提示信息，可写为：

```
void Hello()
{
    printf ("Hello,world \n");
}
```

这里，只把 main 改为 Hello 作为函数名，其余不变。Hello 函数是一个无参函数，当被其他函数调用时，输出 Hello，world 字符串。

18.3　任务 3：计算器函数主页面的定义

根据任务 2 中无参函数的定义形式，可以将计算器主页面的输出定义在一个函数中，以增强程序的可读性，具体如下：

```
void displayMenu()
{    printf("                欢迎进入计算器\n");
     printf("++++++++++++++++++++++++++++++++++++++\n");
     printf("+             1. 加法                +\n");
     printf("+             2. 减法                +\n");
     printf("+             3. 乘法                +\n");
     printf("+             4. 除法                +\n");
     printf("+             5. 求余                +\n");
     printf("+             6. 阶乘                +\n");
     printf("+             7. 累加                +\n");
     printf("+             8. 结束                +\n");
     printf("++++++++++++++++++++++++++++++++++++++\n");
}
```

程序说明：本段程序的函数名为 displayMenu，函数体中调用了多条输出语句。

18.4　任务 4：主函数的编写与函数的调用

main()函数是系统定义的。C 程序的执行从 main()函数开始，调用其他函数后流程回到 main()函数,在 main 函数中结束整个程序的运行。

所有函数都是平行的,即在定义函数时是互相独立的。一个函数并不从属于另一个函数,函数间可以互相调用,但不能调用 main()函数。

函数在使用过程中,包括函数的定义、函数的声明和函数的调用三个步骤,如图 18-2 所示。

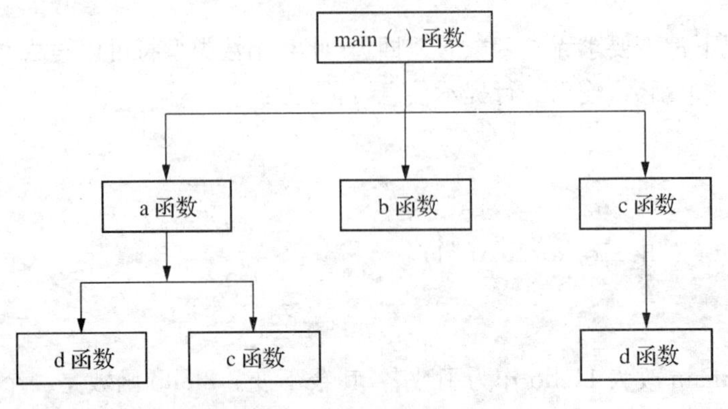

18-2　函数的调用过程

具体的主函数编写和函数调用过程如下:

```
void main()
{
    char m;
    printf("是否进入计算器,y/n(是/否):\n\n");
    while(1)
    {
      m = getch();
      if(m == 'y')            /* 如果输入 y,则进入计算器主页面 */
      {
        displayMenu();
      }
      else if(m == 'n')       /* 如果输入 n,则退出程序 */
      {
        exit(0);              /* 退出程序 */
      }
      else
      {
        clrscr();             /* 清屏 */
        printf("输入有错误请重新输入, y/n(是/否)进入计算器:\n\n");
      }
    }
}
```

程序说明：上面的程序中，除了主函数还包括三个被调用的函数，分别为displayMenu()、exit()和clrscr()，其中，displayMenu()函数为用户自定义函数，用于输出计算器主页面信息，exit()函数与clrscr()函数为系统函数，分别为退出程序和清屏的作用。程序在执行过程当中，首先找到主函数main()，从主函数开始执行，当遇到displayMenu()函数时，则程序调用displayMenu()函数并执行，调用完成后返回调用处，然后继续顺序执行，直至程序结束。

main函数是主函数，它可以调用其他函数，而不允许被其他函数调用。因此，C程序的执行总是从main函数开始，完成对其他函数的调用后再返回到main函数，最后由main函数结束整个程序。一个C源程序必须有，也只能有一个主函数main。

思考：上面的程序中执行了几次函数调用。

注意：

(1) 一个源程序文件由一个或多个函数组成。一个源程序文件是一个编译单位，即以源程序为单位进行编译，而不是以函数为单位进行编译。

(2) 一个C语言程序由一个或多个源程序文件组成。对较大的程序，一般不希望全放在一个文件中，而将函数和其他内容(如预定义)分别放在若干个源文件中，再由若干源文件组成一个C语言程序。这样可以分别编写、分别编译，以提高效率。一个源文件可以为多个C语言程序公用。

【知识拓展】

C语言提供了极为丰富的库函数，这些库函数又可从功能角度作以下分类。

(1) 字符类型分类函数：用于对字符按ASCII码分类：字母，数字，控制字符，分隔符，大小写字母等。

(2) 转换函数：用于字符或字符串的转换；在字符量和各类数字量(整型，实型等)之间进行转换；在大、小写之间进行转换。

(3) 目录路径函数：用于文件目录和路径操作。

(4) 诊断函数：用于内部错误检测。

(5) 图形函数：用于屏幕管理和各种图形功能。

(6) 输入输出函数：用于完成输入输出功能。

(7) 接口函数：用于与DOS，BIOS和硬件的接口。

(8) 字符串函数：用于字符串操作和处理。

(9) 内存管理函数：用于内存管理。

(10) 数学函数：用于数学函数计算。

(11) 日期和时间函数：用于日期，时间转换操作。

(12) 进程控制函数：用于进程管理和控制。

(13) 其他函数：用于其他各种功能。

常用字符串函数介绍：

函数名：stpcpy
功　能：从数组中拷贝一个字符串到另一个数组
用　法：char * stpcpy(char * destin，char * source)；
程序例：

```
#include <stdio.h>
#include <string.h>
int main(void)
  {
     char string[10];
     char * str1 = "abcdefghi";
     stpcpy(string, str1);
     printf("%s\n", string);
     return 0;
  }
```

函数名：strcpy
功　能：串拷贝
用　法：char * strcpy(char * str1，char * str2)；
程序例：

```
#include <stdio.h>
#include <string.h>
int main(void)
{
     char string[10];
     char * str1 = "abcdefghi";
     strcpy(string, str1);
     printf("%s\n", string);
     return 0;
}
```

函数名：strcat
功　能：字符串拼接函数
用　法：char * strcat(char * destin，char * source)；
程序例：

```
#include < string.h >
#include < stdio.h >
int main(void)
{
    char destination[25];
    char *blank = " ", *c = "C++", *Borland = "Borland";
    strcpy(destination, Borland);
    strcat(destination, blank);
    strcat(destination, c);
    printf("%s\n", destination);
    return 0;
}
```

函数名：strchr
功　能：在一个串中查找给定字符的第一个匹配之处
用　法：char *strchr(char *str, char c);
程序例：

```
#include < string.h >
#include < stdio.h >
int main(void)
{
    char string[15];
    char *ptr, c = 'r';
    strcpy(string, "This is a string");
    ptr = strchr(string, c);
    if (ptr)
      printf("The character %c is at position: %d\n", c, ptr - string);
    else
      printf("The character was not found\n");
    return 0;
}
```

函数名：strcmp
功　能：串比较
用　法：int strcmp(char *str1, char *str2);
看 ASCII 码，str1>str2，返回值 > 0；两串相等，返回 0
程序例：

```
#include <string.h>
#include <stdio.h>
int main(void)
{
    char *buf1 = "aaa", *buf2 = "bbb", *buf3 = "ccc";
    int ptr;
    ptr = strcmp(buf2, buf1);
     if (ptr > 0)
      printf("buffer 2 is greater than buffer 1\n");
    else
      printf("buffer 2 is less than buffer 1\n");
    ptr = strcmp(buf2, buf3);
     if (ptr > 0)
      printf("buffer 2 is greater than buffer 3\n");
    else
      printf("buffer 2 is less than buffer 3\n");
    return 0;
}
```

【小组讨论与呈现作业】

一、选择题

1. C语言总是从(　　)函数开始执行。

A. main　　B. 处于最前的

C. 处于最后的　　D. 随机选一个

2. 关于建立函数的目的,以下正确的说法是(　　)。

A. 提高程序的执行效率　　B. 提高程序的可读性

C. 减少程序的篇幅　　D. 减少程序文件所占内存

3. putchar( )函数可以向终端输出一个(　　)。

A. 整型变量表达式　　B. 实型变量值

C. 字符串　　D. 字符或字符型变量值

4. 下列关于字符串的说法中错误的是(　　)。

A. 在C语言中,字符串是借助于字符型一维数组来存放的,并规定以字符 '\0' 作为字符串结束标志

B. \0' 作为标志占用存储空间,计入串的实际长度

C. 在表示字符串常量的时候不需要人为在其末尾加入 '\0'

D. 在C语言中,字符串常量隐含处理成以 '\0' 结尾

5. 下列数据中，为字符串常量的是(　　)。

A. A　　B. "house"

C. How do you do.　　D. $abc

6. 判断字符串 s1 是否等于字符串 s2，应当使用(　　)。

A. if (s1==s2)　　B. if (s1=s2)

C. if (strcpy(s1,s2))　　D. if (strcmp(s1,s2)==0)

二、阅读以下程序，写出运行结果。

1. 写出下面程序的运行结果：

```
void func();
main()
{
  func();
  printf("欢迎你来学习\n");
}
void func()
{
  printf("这是一个 C 函数调用!\n");
}
```

2. 键盘输入 abcdef，写出下面程序的运行结果：

```
#include <stdio.h>
void fun( )
{
    char c ;
    if((c = getchar( ))!= '\n')
       fun( ) ;
       putchar(c);
}
void main( )
{    fun( );   }
```

三、编程题

1. 编写一段程序，运行结果如下。要求编写两个函数，其中 Star()函数用于输出一行"*"，Message()函数用于输出提示语句"How do you do"，并由主函数调用这两个函数。

****
How do you do
****

2. 在函数中编写计算器的欢迎界面，具体操作是：当程序运行时，如果输入密码为123456，则进入计算器的主页面，如下图所示；如果输入密码为其他字符串，则程序能够提示“请重新输入密码”这样的提示信息。（提示：可以用strcmp()函数完成）

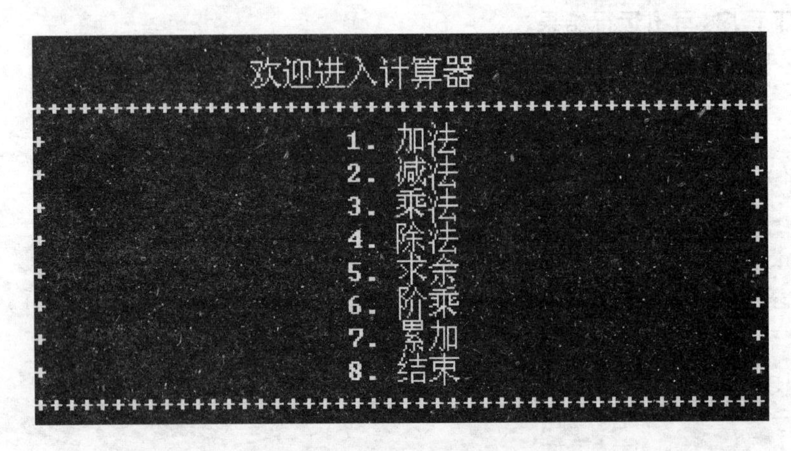

任务十九 完成计算器的功能

行动目标：

- ✓ 掌握有参函数的定义与调用
- ✓ 理解形参和实参
- ✓ 理解函数的返回值

【任务描述】

Jack 打算初步完成计算器中加法和减法的运算功能，即当输入 1 时，程序进行加法运算，当输入 2 时，程序进行减法运算。如图 19－1 所示。

```
++++++++++++++++++++++++++++++++++++++++++++++++
+               1. 加法                        +
+               2. 减法                        +
++++++++++++++++++++++++++++++++++++++++++++++++

 请选择运算类型(1,2,)?
1
请输入num1和num2:
num1=12
num2=5

12 + 5=17
```

图 19－1 加减法运算功能

【任务分析】

完成加减法运算的程序比较容易，但如果想将不同的运算定义在不同的函数中，这时就涉及函数中数值传递的问题。因为程序是从主函数开始运行的，当用户输入将要参加运算的数值后，这些数值如何才能在自定义的函数中使用，以及在自定义函数中求得结果后如何才能将结果传递回主调函数中，这就涉及有参函数，而且是带有返回值的。

完成本任务需要 4 个任务，任务 1 有参函数的定义，任务 2 有参函数的调用，任务 3 函数的返回值，任务 4 主函数的编写与函数的调用。

【任务实施】

19.1 任务1:有参函数的定义

有参函数定义的一般形式:

```
类型标识符 函数名(形式参数表列)
{
    声明部分
    语句部分
}
```

有参函数比无参函数多了一个内容,即形式参数表列。在形参表中给出的参数称为形式参数,它们可以是各种类型的变量,各参数之间用逗号间隔。在进行函数调用时,主调函数将赋予这些形式参数实际的值。形参既然是变量,必须在形参表中给出形参的类型说明。

因此,完成两个整数的和定义一个有参的自定义函数代码如下:

```
add(int num1,int num2)                    /* num1 与 num2 为形参 * /
{
    int result;
    result = num1 + num2;
}
```

19.2 任务2:有参函数的调用

在主函数中定义2个整型变量,并将这两个整型变量值通过调用add()函数传递参数,具体代码如下:

```
add(int num1,int num2)
{
      int result;
      result = num1 + num2;
      printf("两个数的和为: %d",result);
}

main()
{int n1,n2;
    printf("请输入 n1 和 n2:\n");
```

```
        printf("n1 = ");
        scanf(" %d",&n1);
        printf("n2 = ");
        scanf(" %d",&n2);
        add(n1,n2);
    }
```

输出结果为：

n1=3

n2=6

两个数的和为:9

程序说明：

本程序包括两个函数，主函数 mian()和自定义函数 add()，同时 add()也是被调用的函数。自定义函数时列表中的参数称为形参，本例中 add()函数中 num1 和 num2 即为形参，函数调用时传递进来的参数称为实参，本例中 main()中定义的 n1 和 n2 即为实参。

程序刚开始执行的时候，系统并不为形参分配存储空间，一直要到函数调用时，系统为形参分配存储空间，并将实参的值复制给形参。即当 add(n1,n2);语句调用前，num1 和 num2 都不是真正的程序变量，一直到该语句被执行调用时，num1 和 num2 才被创建，并分别用 n1 和 n2 为其赋值。即 num1 接收 n1 的值为 3，num2 接 n2 的值为 6。

形参与实参有如下特点：

(1) 形参与实参即使同名，实参和形参也不共用一块内存，形参变量只有在函数被调用时才分配内存空间，由实参将数据传给形参，在函数调用结束后，立即释放形参占用的内存空间。

(2) 实参可以是变量、常量、表达式甚至是函数等，无论实参是何种类型的量，在进行函数调用时，其必须有确定的值，以便把这些值传递给形参，因此，应预先用赋值、输入等方法使实参获得确定值。

(3) 对于自定义函数和库函数，形参的类型已经说明，调用函数时，形参和实参在数量、类型和顺序上应保持一致。特别强调类型一致。

19.3　任务 3：函数的返回值

在任务 2 中求两个整数的和，结果是输出在自定义函数 add()中，如果想将两个整数的和在主调函数中输出，则需要函数的返回值。

函数的返回值是指函数被调用之后，执行函数体中的程序段所取得的并返回给主调函数的值。函数的值只能通过 return 语句返回主调函数。

return 语句的一般形式为：

```
    return  表达式;
```

或者为：

```
    return(表达式);
```

该语句的功能是计算表达式的值,并返回给主调函数。在函数中允许有多个return语句,但每次调用只能有一个return语句被执行,因此只能返回一个函数值。

那么,将任务2改造以后的程序代码如下:

```
int add(int num1,int num2)
{
    int result;
    result = num1 + num2;
    return result;
}
main()
{
    int num1,num2;
    long int result;
    printf("请输入num1和num2:\n");
    printf("num1 = ");
    scanf(" %d",&num1);
    printf("num2 = ");
    scanf(" %d",&num2);
    result = add(num1,num2);
    printf("两个数的和为: %d",result);
}
```

在add()函数中有2处变化,第一行add函数前加了一个int数据类型,表明函数的返回值是一个整数。第二处变化为增加了return result;语句,表明将result变量的结果传回到函数的调用处。主函数中的变化是result=add(num1,num2);语句,此处即为函数的调用处,将add()函数返回的结果,赋值给主函数中的result变量。

注意

(1) 函数值的类型和函数定义中函数的类型应保持一致。如果两者不一致,则以函数类型为准,自动进行类型转换。

(2) 若函数值为整型,则在函数定义时可以省去类型说明。

(3) 不返回函数值的函数,可以明确定义为"空类型",类型说明符为"void",例如任务2中add函数可以定义为:

```
void add(int num1,int num2)
{
    int result;
    result = num1 + num2;
    printf("两个数的和为: %d",result);
}
```

一旦函数被定义为空类型后，就不能在主调函数中使用被调函数的函数值。例如，在定义 add()为空类型后，在主函数中有如下语句：

```
result = add();
```

这样就是错误的。

为了使程序有良好的可读性，并减少错误，凡是不要求返回值的函数都应该定义为空类型。

另外，自定义函数可以放在任意位置，既可放在主函数 main 之前，也可放在 main 之后。

19.4　任务 4：主函数的编写与函数的调用

通过以上分析，可以完成加减法结构化程序的编写与运行，具体参考代码如下：

```
#include "stdio.h"
#include "stdlib.h"
#include "conio.h"
#include "string.h"
/* 功能:计算两个整数的和 */
int add(int num1, int num2)
{
    int result;
    result = num1 + num2;
    return result;
}
/* 功能:计算两个整数的差 */
int sub(int num1, int num2)
{
    int  result;
    result = num1 - num2;
    return result;
}
/* 显示菜单 */
void displayMenu()
{    printf("++++++++++++++++++++++++++++++++++++++++\n");
     printf("+              1. 加法                 +\n");
     printf("+              2. 减法                 +\n");
     printf("++++++++++++++++++++++++++++++++++++++++\n");
}
```

```
/* 主函数 * /
void main()
{
    int choice = 0;
    int num1,num2,n;
    long int result;
    system("graftabl 936");
    clrscr();
    /* ==== Choice is offered according to function. ==== * /
    while(1)
    {
        displayMenu();
        printf("\n 请选择运算类型(1,2,)?\n");
        scanf(" %d",&choice);
        switch(choice)
        {
            case 1:
                printf("请输入 num1 和 num2:\n");
                printf("num1 = ");
                scanf(" %d",&num1);
                printf("num2 = ");
                scanf(" %d",&num2);
                result = add(num1,num2);
                printf("\n %d  +  %d = %d\n",num1,num2,result);
                break;
            case 2:
                printf("请输入 num1 和 num2:\n");
                printf("num1 = ");
                scanf(" %d",&num1);
                printf("num2 = ");
                scanf(" %d",&num2);
                result = sub(num1,num2);
                printf("\n %d  -  %d = %d\n",num1,num2,result);
                break;
        }
    }
}
```

【小组讨论与呈现作业】

一、选择题

1. 以下正确的函数定义形式是(　　)。

A. double fun(int x,int y)　　B. double fun(int x; int y)

C. double fun(int x;y);　　D. double fun(int x,y);

2. C语言规定，函数返回值的类型是由(　　)。

A. return语句中的表达式类型所决定

B. 调用该函数时的主调函数类型所决定

C. 调用该函数时系统临时决定

D. 在定义该函数时所指定的函数类型所决定

3. C语言规定，简单变量做实参时，它和对应形参之间的数据传递方式是(　　)。

A. 地址传递

B. 单向值传递

C. 由实参传给形参，再由形参传回给实参

D. 由用户指定的传递方式

4. C语言允许函数类型缺省定义，此时函数值隐含的类型是(　　)。

A. float　　B. int　　C. long　　D. double

5. C语言中函数调用的方式有:(　　)。

A. 只有函数调用作为语句这一种方式

B. 只有函数调用作为函数表达式这一种

C. 只有函数调用作为语句或函数表达式这两种

D. 函数调用作为语句、函数表达式或函数参数

6. 函数的值通过return语句返回，下面关于return语句的形式描述错误的是(　　)。

A. return 表达式;

B. return(表达式);

C. 一个return语句可以返回多个函数值

D. 一个return语句只能返回一个函数值

7. 若已定义的函数有返回值，则以下关于该函数调用的叙述中错误的是(　　)。

A. 函数调用可以作为独立的语句存在

B. 函数调用可以作为一个函数的实参

C. 函数调用可以出现在表达式中

D. 函数调用可以作为一个函数的形参

8. 设函数fun的定义形式为

```
void fun(char ch,float x){ … }
```

则以下对函数fun的调用语句中，正确的是(　　)。

A. fun("abc",3.0);　　B. t=fun('D',16.5);

C. fun('65',2.8);

D. fun(32,32);

9. 以下函数的类型是(　　)。

```
fff( float x)
{ printf(" %d\n", x + x); }
```

A. 与参数 x 的类型相同

B. void 类型

C. int 类型

D. 无法确定

10. 有以下程序:

```
void fun(int a, int b, int c)
{ a = 456, b = 567, c = 678; }
main( )
{ int x = 10, y = 20, z = 30;
  fun(x, y, z);
  printf(" %d, %d, %d\n", x, y, z);
}
```

输出结果是(　　)。

A. 30,20,10

B. 10,20,30

C. 456,567,678

D. 678,567,456

11. 下列函数的运行结果是(　　)。

```
main( )
{   int i = 2, p;
    int j, k;
    j = i;
    k = ++i;
    p = f(j, k);
    printf(" %d", p);
}
int f(int a, int b)
{ int c;
  if(a>b) c = 1;
  else if(a == b) c = 0;
      else c = -1;
  return(c);
}
```

A. −1

B. 1

C. 2

D. 编译出错,无法运行

12. 以下正确的说法是(　　)。

A. 定义函数时,形参的类型说明可以放在函数体内

B. return 后边的值不能为表达式

C. 如果函数值的类型与返回值类型不一致,以函数值类型为准

D. 如果形参与实参类型不一致,以实参类型为准

13. 以下程序的运行结果是(　　)。

```
fun(int i,int j)
 { i++; j++;
   return i+j; }
 main( )
 { int a=1,b=2,c=3;
   c+=fun(a,b)+a;
   printf("%d, %d, %d\n",a,b,c); }
```

A. 1,2,9　　B. 2,3,10

C. 1,2,10　　D. 2,3,9

二、阅读以下程序,写出运行结果。

1. 通过以下函数的调用,写出输出结果。

```
static int x=20;
void f1(int x)
{
    x+=10;
    printf("%d...f1()\n",x);
}
f2()
{
    x+=10;
    printf("%d...f2()\n",x);
}

void main()
{
    int x=10;
    f1(x);
    f2();
    printf("%d...main()\n",x);
}
```

思考本例中的形参和实参。

2. 阅读以下程序,输出程序运行的结果。

```
int sum(int a,int b)
{
    int c;
    c = a + b;
    return(c);
}
main()
{
    int x,y,z;
    scanf(" %d %d",&x,&y);
    z = sum(x,y);
    printf("和是: %d\n",z);
}
```

思考:若将本例中 sum()函数放在主函数 main 之后,将如何修改该程序?

三、编程题

1. 完成计算器中乘法、除法、求余、阶乘和累加的运算,要求每种运算编写在一个要求有返回值的函数中。

2. 编写一段程序,在主函数中定义两个整型变量,通过有参函数将两个变量的值进行交换。

3. 自定义一个函数,求两个数中的最大值。在主函数中定义两个变量,通过键盘随机输入两个数值,然后通过自定义函数比较两个数字的大小,并将较大的值返回主函数。

任务二十　求出每门课程的平均成绩

行动目标：

√ 理解函数中参数按地址传递的方式

【任务描述】

Jack 打算在数组 score 中存放自己的 10 门课程的成绩，并求出这些课程的平均成绩。

【任务分析】

通过前面项目的学习，可以在主函数中定义数组，完成 10 门课程成绩的存储并计算平均成绩，但此时可以将这样的任务进行结构化设计，即将求平均成绩的部分单独定义函数。这样程序在执行过程中就需要给定义的函数传递成绩参数，但成绩是放在数组当中的，因此，参数的传递可以通过地址传递。

完成本任务需要 3 个任务，任务 1 认识参数的按地址传递方式，任务 2 自定义求平均成绩的函数，任务 3 通过数组录入成绩并调用求平均成绩的函数。

【任务实施】

20.1　任务 1：认识参数的按地址传递方式

在上一个项目中，学习了函数之间有数据的传递关系，即主调函数向被调函数传递数据主要是通过函数的参数进行的，而且是值传递的方式，然而数组作为参数进行传递时，可以称之为按地址传递。

按地址传递：函数调用时，主调函数把实参的地址传递给被调函数的形参。实质上主调函数把实参的地址值传给了形参，地址值的传递是单向传递，由于传递的是地址，使形参与实参共享同一存储项目中的数据，这样通过形参可以直接引用或处理该地址中的数据。

在该任务中，当数组名作为函数参数时，函数传递数据方式采用的是“按址传递”的方式。要求形参和相对应的实参都必须是类型相同的数组。

20.2　任务 2：自定义求平均成绩的函数

自定义的函数命名为 average，其返回值类型为 float 类型，函数的形参保持与主调函数

数组中数据类型一致,即成绩一般为 float 类型。自定义函数如下:

```
float average(float array[10])          /* 形参为数组名 */
{
    int i;
    float a,sum = array[0];
  for (i = 1;1<10;i ++ )
      sum = sum + array[i];              /* 求和 */
    a = sum /10;                         /* 求和 */
    return(a);
}
```

20.3 任务 3:通过数组录入成绩并调用求平均成绩的函数

```
void main()
{
    float score[10];
    float aver;
    int i;
    printf("input 5 scores:\n");
    for (i = 0;i<10;i ++ )
       scanf(" %f",&score[i]);
    printf("\n");
    aver = average(score);                /* 调用函数实参为数组名 */
    printf("平均成绩是: %5.2f\n",aver);
    getch();
}
```

程序输出结果为:

89　87.5　90　94.5　78.5　87　65　78　96　82.5↙

平均成绩是:84.8

程序说明:数组名就是数组的首地址,在调用 average 函数时,数组名 score 作为函数的实参,它把首地址传递给了形参数组 array,形参数组获得了该首地址后,与实参数组 score 共同使用同一段内存空间,实际上形参数组与实参数组为同一数组,如图 20－1 所示。

score		array
score[0]	89	array[0]
score[1]	87.5	array[1]
score[2]	90	array[2]
score[3]	94.5	array[3]
score[4]	78.5	array[4]
score[5]	87	array[5]
score[6]	65	array[6]
score[7]	78	array[7]
score[8]	96	array[8]
score[9]	82.5	array[9]

图 20－1　地址传递时实参与形参的关系

【知识拓展】

局部变量和全局变量：

在讨论函数的形参变量时曾经提到，形参变量只在被调用期间才分配内存单元，调用结束立即释放。这一点表明形参变量只有在函数内才是有效的，离开该函数就不能再使用了。这种变量有效性的范围称为变量的作用域。不仅对于形参变量，C语言中所有的变量都有自己的作用域。变量说明的方式不同，其作用域也不同。C语言中的变量，按作用域范围可分为两种，即局部变量和全局变量。

1. 局部变量

局部变量也称为内部变量。局部变量是在函数内作定义说明的。其作用域仅限于函数内，离开该函数后再使用这种变量是非法的。

例如：

```
int f1(int a)          /* 函数 f1 * /
{
    int b,c;
    … …
}
a,b,c 有效
int f2(int x)          /* 函数 f2 * /
{
    int y,z;
    ……
}
x,y,z 有效
main()
```

```
{
    int m,n;
    ......
}
m,n有效
```

在函数f1内定义了三个变量，a为形参，b,c为一般变量。在f1的范围内a,b,c有效，或者说a,b,c变量的作用域限于f1内。同理，x,y,z的作用域限于f2内。m,n的作用域限于main函数内。关于局部变量的作用域还要说明以下几点：

(1) 主函数中定义的变量也只能在主函数中使用，不能在其他函数中使用。同时，主函数中也不能使用其他函数中定义的变量。因为主函数也是一个函数，它与其他函数是平行关系。这一点是与其他语言不同的，应予以注意。

(2) 形参变量是属于被调函数的局部变量，实参变量是属于主调函数的局部变量。

(3) 允许在不同的函数中使用相同的变量名，它们代表不同的对象，分配不同的单元，互不干扰，也不会发生混淆。如在前例中，形参和实参的变量名都为n，是完全允许的。

(4) 在复合语句中也可定义变量，其作用域只在复合语句范围内。

2. 全局变量

全局变量也称为外部变量，它是在函数外部定义的变量。它不属于哪一个函数，它属于一个源程序文件。其作用域是整个源程序。在函数中使用全局变量，一般应作全局变量说明。只有在函数内经过说明的全局变量才能使用。全局变量的说明符为extern。但在一个函数之前定义的全局变量，在该函数内使用可不再加以说明。

例如：

```
int a,b;                /* 外部变量 */
void f1()               /* 函数f1 */
{
    ......
}
float x,y;              /* 外部变量 */
int f2()                /* 函数f2 */
{
    ......
}
main()                                          /* 主函数 */
{
    ......
}
```

从上例可以看出a、b、x、y都是在函数外部定义的外部变量，都是全局变量。但x,y定义在函数 f1 之后，而在 f1 内又无对 x，y 的说明，所以它们在 f1 内无效。a，b 定义在源程序最前面，因此在 f1，f2 及 main 内不加说明也可使用。

如果同一个源文件中，外部变量与局部变量同名，则在局部变量的作用范围内，外部变量被“屏蔽”，即它不起作用。

【小组讨论与呈现作业】

一、选择题

1. 当调用函数时，实参是一个数组名，则向函数传送的是(　　)。

A. 数组的长度　　B. 数组的首地址

C. 数组每一个元素的地址　　D. 数组每个元素中的值

2. 在 C 语言的函数中，下列正确的说法是(　　)。

A. 必须有形参　　B. 形参必须是变量名

C. 可以有也可以没有形参　　D. 数组名不能作形参

3. 以下对 C 语言函数的有关描述中，正确的是(　　)。

A. 调用函数时，只能把实参的值传给形参，形参的值不能传送给实参

B. 函数既可以嵌套定义又可以递归调用

C. 函数必须有返回值，否则不能使用函数

D. 函数必须有返回值，返回值类型不定

4. 若使用一维数组名作函数实参，则以下正确的说法是(　　)。

A. 必须在主调函数中说明此数组的大小

B. 实参数组类型与形参数组类型可以不匹配

C. 在被调用函数中，不需要考虑形参数组的大小

D. 实参数组名与形参数组名必须一致

5. 以下程序的输出结果是(　　)。

```
void reverse(int a[],int n)
{ int i,t;
  for(i=0;i<n/2;i++)
  {  t=a[i]; a[i]=a[n-1-i];a[n-1-i]=t;}
}
main()
{ int b[10]={1,2,3,4,5,6,7,8,9,10}; int i,s=0;
  reverse(b,8);
  for(i=6;i<10;i++)s+=b[i];
  printf(" %d\n ",s);
}
```

A. 22　　B. 10　　C. 34　　D. 30

6. 以下程序输出结果是(　　)。

```
int a = 50,b = 10;
main( )
{ int a = 1,c;
  c = a + b;
  printf(" %d  ",c);
  {int a = 2,b = 2;c = a + b; printf(" %d ",c); }
}
```

A. 60　4　　B. 11　3　　C. 11　4　　D. 60　3

7. 以下程序的输出结果是(　　)。

```
int f( )
{ static int i = 0;
  int s = 1;
  s + = i; i ++ ;
  return s;
}
main( )
{ int i,a = 0;
  for(i = 0;i<5;i ++ )a + = f( );
  printf(" %d\n",a);
}
```

A. 20　　B. 24　　C. 25　　D. 15

8. 以下错误的描述是:函数调用可以(　　)。

A. 出现在执行语句中　　B. 出现在一个表达式中

C. 做为一个函数的实参　　D. 做为一个函数的形参

9. 有以下程序

```
#include "string.h"
void f(char p[ ][10],int n)      /* 字符串从小到大排序 * /
{ char t[10];    int i,j;
  for (i = 0;i<n - 1; i ++ )
  for (j = i + 1; j<n; j ++ )
  if(strcmp(p[i], p[j])>0)
  {
    strcpy(t, p[i]); strcpy(p[i], p[j]); strcpy(p[j], t);
```

```
    }
  }
  main( )
  {
    char p[5][10] = {"abc", "aabdfg", "abbd", "dcdbe", "cd"};
    f(p,5);
    printf(" %d\n", strlen(p[0]));
  }
```

程序运行后的输出结果是(　　)。

A. 2　　B. 4　　C. 6　　D. 3

10. 有以下程序

```
float fun(int x, int y)
{
    return(x + y);
}
main( )
{
  int a = 2,b = 5,c = 8;
  printf(" %3.0f\n",fun((int)fun(a + c,b),a - c));
}
```

程序运行后的输出结果是(　　)。

A. 编译出错　　B. 9　　C. 21　　D. 9.0

11. 有以下程序

```
int f(int n)
{ if(n == 1)return 1;
  else return f(n - 1) + 1;
}
main( )
{ int i,j = 0;
  for(i = 1;i<3;i ++ )
    j+ = f(i);
  printf(" %d\n",j);
}
```

程序运行后的输出结果是(　　)。

A. 4　　B. 3　　C. 2　　D. 1

12. 阅读下列程序，则运行结果为(　　)。

```
fun( )
{ static int x=5;
  x++;
  return x;
}
main( )
{ int i,x;
  for(i=0;i<3;i++)
    x=fun( );
  printf("%d\n",x);
}
```

A. 5　　B. 6　　C. 7　　D. 8

13. 阅读下面程序，则执行后的结果为(　　)。

```
main( )
{ int m=4,n=2,k;
  k=fun(m,n);
  printf("%d\n",k);
}
fun(int m,int n)
{ return(m*m*m-n*n*n);}
```

A. 64　　B. 8　　C. 56　　D. 0

二、程序填空

1. 已定义一个含有 30 个元素的数组 s，函数 fun1 的功能是按顺序分别赋予各元素从 2 开始的偶数，函数 fun2 则按顺序每五个元素求一个平均值，并将该值存放在数组 w 中。

```
float s[30],w[6];
fun1(float s[])
{
    int k,i;
    for(k=2,i=0;i<30;i++)
    {
        /***********SPACE***********/
        【?】
        k+=2;
    }
}
```

```
fun2(float s[],float w[])
{
    float sum=0.0;
    int k,i;
    for(k=0,i=0;i<30;i++)
    {
        sum+=s[i];
        /***********SPACE***********/
        【?】
        {
        w[k]=sum/5;
        /***********SPACE***********/
        【?】
        k++;
        }
    }
}
main()
{   int i;
    fun1(s);
        /***********SPACE***********/
        【?】
        for(i=0;i<30;i++)
    {
        if(i%5==0) printf("\n");
        printf("%8.2f",s[i]);
    }
        printf("\n");
        for(i=0;i<6;i++)
        printf("%8.2f",w[i]);
}
```

2. 函数的功能是求有 5 个元素的一维数组的平均值。

```
float aver(float a[ ])
{   int i;
    float av,s=a[0];
    for(i=1;i<5;i++)
```

```
    /************SPACE************/
    s+=【?】[i];
    av=s/5;
    /************SPACE************/
    return【?】;
}
void main()
{   float sco[5],av;
    int i;
    printf("\ninput 5 scores:\n");
    for(i=0;i<5;i++)
    /************SPACE************/
    scanf("%f",【?】);
    /************SPACE************/
    av=aver(【?】);
    printf("average score is %5.2f\n",av);
}
```

三、编程题

1. 在一个数组内,存放10个学生的成绩,写一个函数,求出总成绩。
2. 在一个数组内,存放10个学生的成绩,写一个函数,求出最高分。
3. 在一个数组内,存放10个学生的成绩,写一个函数,求出最低分。
4. 在一个数组内,存放10个学生的成绩,写一个函数,求出平均分、最高分和最低分。

任务二十一　用指针方式进行两数交换

行动目标：

- ✓ 了解什么是指针
- ✓ 掌握指针的定义及应用
- ✓ 指向变量的指针变量
- ✓ 指向数组的指针变量

【任务描述】

经过前面知识的学习，我们知道交换两个变量的值，可以通过借助第三个同类型变量的方法实现。今天我们来了解指针变量，借助指针变量来交换两个变量的值。

【任务分析】

需要保存两个整数在整型变量中，然后定义两个指针变量存储这两个整型变量的地址。怎样利用指针来对数据进行交换，本任务中将会介绍。

【任务实施】

21.1　任务1：了解什么是指针

内存只不过是一个存放数据的空间，是按一个字节一个字节进行编号，这个编号就是所说的内存编址，如图21-1所示。

指针(Pointer)是C语言中的一类数据类型的统称。这种类型的数据专门用来存储和表示内存单元的编号，以实现通过地址得以完成的各种运算，使程序更加简洁，运行高效。

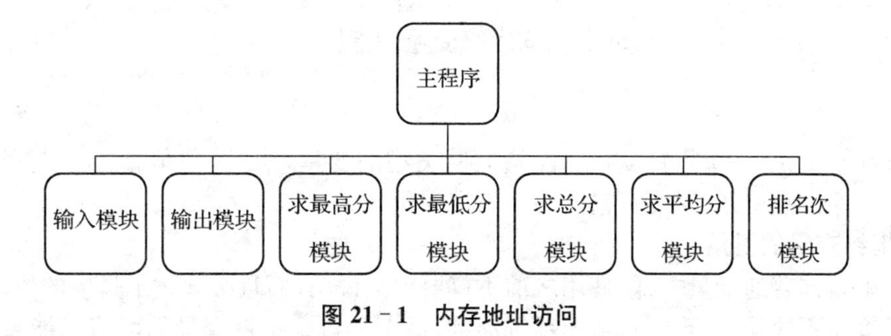

图21-1　内存地址访问

21.2 任务2:指针变量

变量的指针就是变量的地址。存放变量地址的变量是指针变量。即在C语言中,允许用一个变量来存放指针,这种变量称为指针变量。因此,一个指针变量的值就是某个变量的地址或称为某变量的指针。

为了表示指针变量和它所指向的变量之间的关系,在程序中用“*”符号表示“指向”,例如,i_pointer 代表指针变量,而 *i_pointer 是 i_pointer 所指向的变量。如图 21-2 所示。

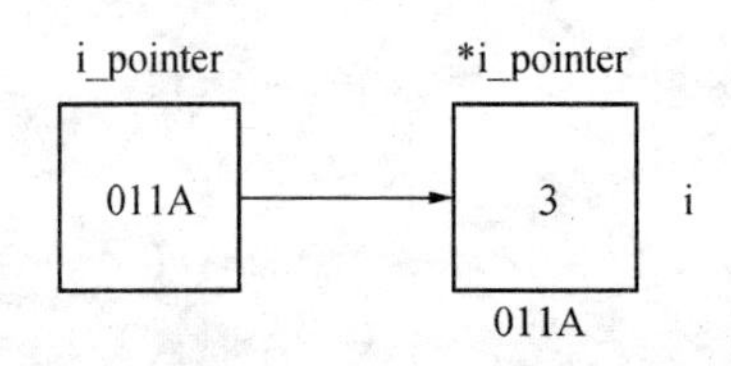

图 21-2 指针变量

1. 定义一个指针变量

对指针变量的定义包括三个内容:

(1) 指针类型说明,即定义变量为一个指针变量;

(2) 指针变量名;

(3) 变量值(指针)所指向的变量的数据类型。

其一般形式为:

类型说明符 *变量名;

其中,*表示这是一个指针变量,变量名即为定义的指针变量名,类型说明符表示本指针变量所指向的变量的数据类型。

```
例如:    int *p1;
```

表示 p1 是一个指针变量,它的值是某个整型变量的地址。或者说 p1 指向一个整型变量。至于 p1 究竟指向哪一个整型变量,应由向 p1 赋予的地址来决定。

再如:

```
int *p2;        /*p2是指向整型变量的指针变量*/
float *p3;      /*p3是指向浮点变量的指针变量*/
char *p4;       /*p4是指向字符变量的指针变量*/
```

应该注意的是,一个指针变量只能指向同类型的变量,如 P3 只能指向浮点变量,不能时而指向一个浮点变量,时而又指向一个字符变量。

2. 指针变量的引用

指针变量同普通变量一样,使用之前不仅要定义说明,而且必须赋予具体的值。未经赋值的指针变量不能使用,否则将造成系统混乱,甚至死机。指针变量的赋值只能赋予地址,绝不能赋予任何其他数据,否则将引起错误。在C语言中,变量的地址是由编译系统分配的，用户不知道变量的具体地址。

两个有关的运算符：

(1) &：取地址运算符。

(2) *：指针运算符(或称"间接访问" 运算符)。

C语言中提供了地址运算符 & 来表示变量的地址。

其一般形式为：

& 变量名；

如 &a 表示变量 a 的地址，&b 表示变量 b 的地址。变量本身必须预先说明。

设有指向整型变量的指针变量 p，如要把整型变量 a 的地址赋予 p，可以有以下两种方式：

(1) 指针变量初始化的方法

```
int a;
int *p = &a;
```

(2) 赋值语句的方法

```
int a;
int *p;
p = &a;
```

不允许把一个数赋予指针变量，故下面的赋值是错误的：

```
int *p;
p = 1000;
```

被赋值的指针变量前不能再加"*"说明符，如写为 *p=&a 也是错误的。

假设：

```
int i = 200, x;
int *ip;
```

我们定义了两个整型变量 i，x，还定义了一个指向整型数的指针变量 ip。i，x 中可存放整数，而 ip 中只能存放整型变量的地址。我们可以把 i 的地址赋给 ip：

```
ip = &i;
```

此时指针变量 ip 指向整型变量 i，假设变量 i 的地址为 1800，这个赋值可形象理解为图 21-3 所示的联系。

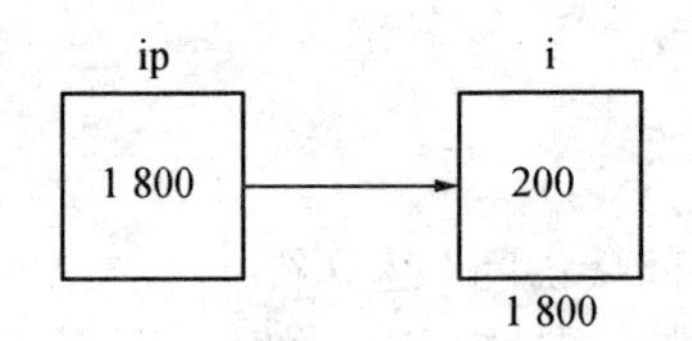

图 21-3 把 i 的地址赋给 ip

以后我们便可以通过指针变量 ip 间接访问变量 i,例如:

```
x = *ip;
```

运算符 * 访问以 ip 为地址的存贮区域,而 ip 中存放的是变量 i 的地址,因此,* ip 访问的是地址为 1800 的存贮区域(因为是整数,实际上是从 1800 开始的两个字节),它就是 i 所占用的存贮区域,所以上面的赋值表达式等价于:

```
x = i;
```

另外,指针变量和一般变量一样,存放在它们之中的值是可以改变的,也就是说可以改变它们的指向。假设:

```
int i, j, *p1, *p2;
i = 'a';
j = 'b';
p1 = &i;
p2 = &j;
```

则建立如图 21-4 所示的联系:

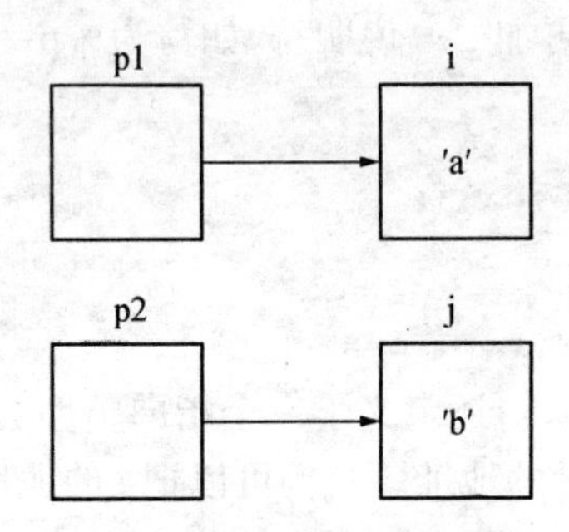

图 21-4 改变指针变量的指向

这时赋值表达式:

```
p2 = p1;
```

就使 p2 与 p1 指向同一对象 i,此时 * p2 就等价于 i,而不是 j,如图 21-5 所示:

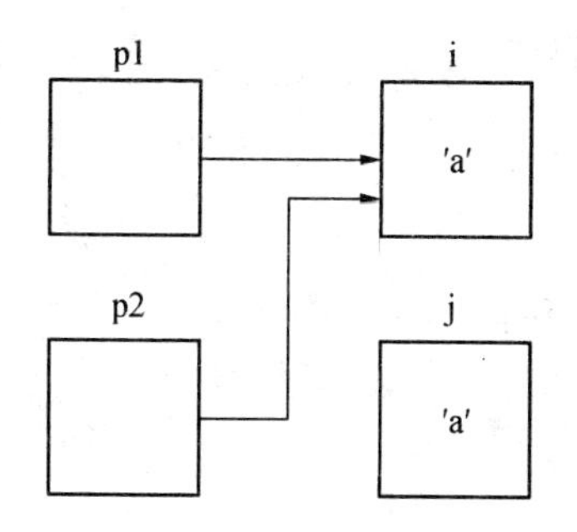

图 21-5　p2 与 p1 指向同一对象

如果执行如下表达式：

```
*p2 = *p1;
```

则表示把 p1 指向的内容赋给 p2 所指的区域，此时就变成图 21-6 所示：

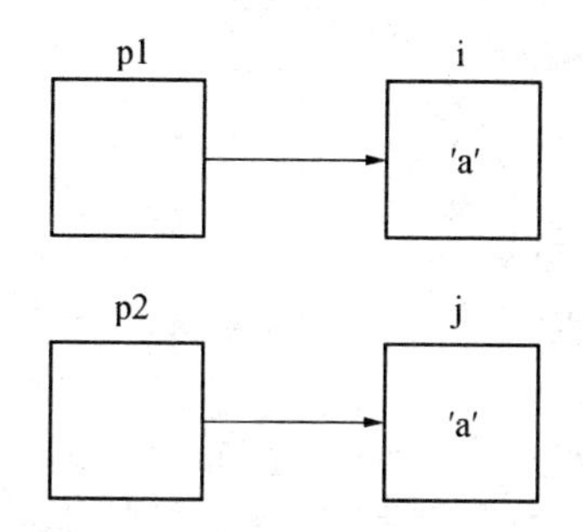

图 21-6　把 p1 指向的内容赋给 p2

通过指针访问它所指向的一个变量是以间接访问的形式进行的，所以比直接访问一个变量要费时间，而且不直观，因为通过指针要访问哪一个变量，取决于指针的值(即指向)，例如" *p2= *p1;"实际上就是"j=i;"，前者不仅速度慢而且目的不明。但由于指针是变量，我们可以通过改变它们的指向，以间接访问不同的变量，这给程序员带来灵活性，也使程序代码编写得更为简洁和有效。

/* 例 1:指针变量的使用 */

```
void main( )
{
    int a, *p1;
    a = 12;
    p1 = &a;
    printf("\n p1 =%x",p1);
    printf("\n &a =%x",&a);
    printf("\n *p1 =%d", *p1);
    printf("\n a =%d",a);
}
```

/* 例 2:输入 a 和 b 两个整数,按先大后小的顺序输出 a 和 b */

```
main()
{  int *p1, *p2, *p,a,b;
   scanf(" %d, %d",&a,&b);
   p1 = &a;p2 = &b;
   if(a<b)
   {p = p1;p1 = p2;p2 = p;}
   printf("\na =%d,b =%d\n",a,b);
   printf("max =%d,min =%d\n", *p1, *p2);
}
```

/* 例 3:上题的另一种解法 */

```
void main( )
{
    int a,b;
    int *p1 = &a, *p2 = &b;
    scanf(" %d %d",p1,p2);
    if( *p1> *p2)
       printf("\n %d  %d", *p1, *p2);
    else
       printf("\n %d  %d", *p2, *p1);
}
```

21.3　任务 3:指向数组的指针变量

一个变量有地址,一个数组包含若干元素,每个数组元素都在内存中占用存储单元,它们都有相应的地址。指针变量既然可以指向变量,当然也可以指向数组元素(把某一元素的地址放到一个指针变量中)。所谓数组元素的指针就是数组元素的地址。

类似于指向简单变量的指针,只要将数组的首地址赋值给指针变量。

/* 例 4:指向数组的指针变量 */

```
int  iSz[5];
int   *pSz;
pSz = &iSz[0];  (或 pSz = iSz;)
```

如果 pSz 是指向 iSz 的指针变量,则对数组元素的引用和可以用以下访问方式:iSz[i], pSz[i], *(iSz+i), *(pSz+i)等,i 为相应数组的下标。

/* 例 5:通过指针变量输出 a 数组的 10 个元素 */

```
main( )
{
   int *p,i,a[10];
   p=a;
   for(i=0;i<10;i++ )
      scanf(" %d",p++);
   printf("\n");
   for(i=0;i<10;i++,p++ )
      printf(" %d",*p);
}
```

21.4　任务4:两个变量值的交换

首先定义一个交换函数,该函数的两个参数是要进行交换的两个变量的指针,再通过取得指针变量中的内容进行数据交换,代码如下:

```
#include<stdio.h>
void huhuan_1(int *p,int *q)
{
    int t;
    t=*p;
    *p=*q;
    *q=t;
}
main( )
{
   int a,b; a=3; b=5;
   huhuan_1(&a,&b);
   printf("a=%d,b=%d\n",a,b);
   return 0;
}
```

【小组讨论与呈现作业】

一、选择题

1. 变量的指针,其含义是指该变量的(　　)。

A. 值　　B. 地址　　C. 名　　D. 一个标志

2. 已有定义 int k=2;int *ptr1,*ptr2;且 ptr1 和 ptr2 均已指向变量 k,下面不能正确执行的赋值语句是(　　)。

A. k= * ptr1+ * ptr2
B. ptr2=k
C. ptr1=ptr2
D. k= * ptr1 * (* ptr2)

3. 若有说明:int * p,m=5,n;以下程序段正确的是(　　)。

A. p =&n ;
　　scanf("%d",&p);
B. p = &n ;
　　scanf("%d", * p);
C. scanf("%d",&n);
　　* p=n ;
D. p = &n ;
　　* p = m ;

4. 已有变量定义和函数调用语句:int a=25;print_value(&a);下面函数的输出结果是(　　)。

```
void print_value(int *x)
{  printf("%d\n", ++ *x); }
```

A. 23　　B. 24　　C. 25　　D. 26

5. 若有说明:int * p1, * p2,m=5,n;以下均是正确赋值语句的选项是(　　)。

A. p1=&m; p2=&p1 ;
B. p1=&m; p2=&n; * p1= * p2 ;
C. p1=&m; p2=p1 ;
D. p1=&m; * p1= * p2 ;

6. 若有语句:int * p,a=4;和 p=&a;下面均代表地址的一组选项是(　　)。

A. a,p, * &a　　B. & * a,&a, * p　　C. * &p, * p,&a　　D. &a,& * p,p

7. 下面判断正确的是(　　)。

A. char * a="china"; 等价于 char * a; * a="china" ;
B. char str[10]={"china"}; 等价于 char str[10]; str[ ]={"china";}
C. char * s="china"; 等价于 char * s; s="china";
D. char c[4]="abc",d[4]="abc"; 等价于 char c[4]=d[4]="abc" ;

8. 下面程序段中,for 循环的执行次数是(　　)。

```
char *s = "\ta\018bc" ;
for ( ; *s! = '\0' ; s++ )  printf("*") ;
```

A. 9　　B. 7　　C. 6　　D. 5

9. 下面能正确进行字符串赋值操作的是(　　)。

A. char s[5]={"ABCDE"};
B. char s[5]={'A','B','C','D','E'};
C. char * s ; s="ABCDE" ;
D. char * s; scanf("%s",s) ;

10. 下面程序段的运行结果是(　　)。

```
char *s = "abcde" ;
s+ = 2 ; printf("%d",s);
```

A. cde　　B. 字符 'c'

C. 字符 'c' 的地址　　D. 不确定

11. 设 p1 和 p2 是指向同一个字符串的指针变量，c 为字符变量，则以下不能正确执行的赋值语句是(　　)。

A. c= ＊p1+ ＊p2　　B. p2=c

C. p1=p2　　D. c= ＊p1＊(＊p2)

12. 设有程序段：char s[ ]="china"; char ＊p ; p=s ;则下面叙述正确的是(　　)。

A. s 和 p 完全相同

B. 数组 s 中的内容和指针变量 p 中的内容相等

C. s 数组长度和 p 所指向的字符串长度相等

D. ＊p 与 s[0]相等

13. 以下与库函数 strcpy(char ＊p1,char ＊p2)功能不相等的程序段是(　　)。

A. strcpy1(char ＊p1,char ＊p2)
{ while ((＊p1++= ＊p2++)! ='\0') ; }

B. strcpy2(char ＊p1,char ＊p2)
{ while ((＊p1= ＊p2)! ='\0') { p1++; p2++ } }

C. strcpy3(char ＊p1,char ＊p2)
{ while (＊p1++= ＊p2++) ; }

D. strcpy4(char ＊p1,char ＊p2)
{ while (＊p2) ＊p1++= ＊p2++ ; }

14. 下面程序段的运行结果是(　　)。

```
char a[ ] = "language" , *p ;
p = a ;
while ( *p! = 'u') { printf(" %c", *p - 32); p++ ; }
```

A. LANGUAGE　　B. language

C. LANG　　D. langUAGE

任务二十二　制作学生登记表

行动目标：

- √ 理解结构体的含义
- √ 使用结构体变量处理“记录”类数据
- √ 理解共同体类型变量

【任务描述】

Jack 打算帮助老师完成学生信息登记表，这其中包括：姓名、学号、年龄、性别、成绩字段，如表 22 - 1 所示：

表 22 - 1　学生信息登记表

学号(num)	姓名(name)	性别(sex)	年龄(age)	成绩(score)
010101	赵小亮	男	19	80
010102	李芳	女	18	92
010103	刘猛	男	19	81
010104	李刚	男	18	75

【任务分析】

看到上表的字段，显然用之前学过的任何一种单一数据类型都不能存储，那么要完成对表 22 - 1 学生信息的输入和输出就要使用一种复合的数据类型—结构体。通过对结构体变量的定义和引用，能实现对表中数据的输入和输出。

要想完成本任务，我们需要将任务分解成 3 个小任务：任务 1 是完成结构体类型定义及结构体变量的初始化。任务 2 是输入学生信息。任务 3 是输出学生信息。

【任务实施】

22.1　任务 1：定义结构体类型及变量的初始化

1. 了解结构体

在处理实际问题的过程中，我们会发现一个问题的一组数据往往具有不同的数据类型。例如，本次任务中姓名应为字符型，学号可为整型或字符型，成绩可为整型或实型。因此，我们不能用一个数组来存放这一组数据，因为数组中各元素的类型和长度都必须一致，以便于编译系统处理。为了解决这个问题，C语言中给出了一种构造数据类型—结构体。结构体相当于其他高级语言中的记录，是一种构造类型，它是由若干“成员”组成的。每一个成员可以是一个基本数据类型或者是一个构造类型。我们把这种由不同数据类型的多个成员所构成的整体称为结构体。和C语言的其他构造数据类型一样，在说明和使用之前必须先定义后引用。

2. 结构体类型定义

定义一个结构体的一般形式为：

```
struct  结构名{
成员 1;
成员 2;
… …
成员 N
};
```

在这个结构体的定义中，struct是一个关键字，用于定义结构体的类型，成员是由成员列表组成，其中每个成员都是该结构的一个组成部分。对每个成员也必须做类型说明，其形式为：

```
类型说明符   成员名;
```

成员名的命名应符合标识符的书写规定，例如本任务中的结构体可以进行如下命名：

```
struct student{
  char num[10];         /* 学号 * /
  char name[20];        /* 姓名 * /
  char sex[4];          /* 性别 * /
  int age;              /* 年龄 * /
  int score;            /* 成绩 * /
};
```

在这个字义中，定义了一个名为student的学生信息结构体类型，它由5个成员组成。第一个成员为num，字符数组；第二个成员为name，字符数组；第三个成员为sex，字符数组；第四个成员为age，整型变量；第五个成员为score，整型变量。结构体定义之后，就可以同其他数据类型一样，来定义该类型的结构体变量。

结构型变量通常有两种方法定义：

(1) 在定义结构类型的同时说明结构变量。例如：

```
struct student{
  char num[10];       /* 学号 */
  char name[20];      /* 姓名 */
  char sex[4];        /* 性别 */
  int age;            /* 年龄 */
  int score;          /* 成绩 */
}stu1,stu2;           /* 定义了2个student结构体类型的变量stu1和stu2 */
```

(2) 先定义结构,再说明结构变量。

```
struct student{
  char num[10];                 /* 学号 */
  char name[20];                /* 姓名 */
  char sex[4];                  /* 性别 */
  int age;                      /* 年龄 */
  int score;                    /* 成绩 */
};
struct student stu1,stu2;       /* 定义了2个student结构体类型的变量stu1
                                   和stu2 */
```

3. 结构体变量的初始化

结构体类型变量同数组一样,可以在定义时对其进行初始化,也可以将定义与初始化分开。

(1) 在结构体变量定义时对其进行初始化,例如:

```
struct student{
  char num[10];       /* 学号 */
  char name[20];      /* 姓名 */
  char sex[4];        /* 性别 */
  int age;            /* 年龄 */
  int score;          /* 成绩 */
}stu1={"010101","赵小亮","男",18,80},stu2={"010102","李芳","女",18,92};
```

(2) 将结构体变量定义与初始化分开,例如:

```
struct student{
  char num[10];       /* 学号 */
  char name[20];      /* 姓名 */
```

```
    char sex[4]; /* 性别 * /
    int age; /* 年龄 * /
    int score; /* 成绩 * /
  };
  struct student stu1 = {"010101","赵小亮","男",18,80};
  struct student stu2 = {"010102","李芳","女",18,92};
```

4. 结构体变量的存储

结构体变量也是一种变量，在定义结构体类型时并不会分配存储空间，只有在进行结构体变量定义时，才会分配内存空间，其形式与数组类型相似，是按结构体成员定义的先后顺序连续分配空间，从而，使用该结构变量存储"成员"数据。例如本任务中的 stu1、stu2，在内存中的存储形式如图 22-1 所示。

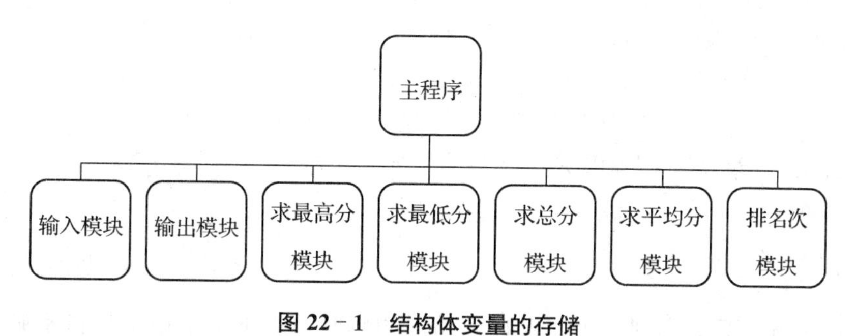

图 22-1　结构体变量的存储

22.2　任务 2：输入学生信息

1. 结构型变量的引用

想要输入学生的信息，首先还要学会对结构型变量的引用。那么如何引用呢？

对于结构型变量，C 语言允许相同结构型变量相互赋值，但结构体不能整体引用，只可以引用其"成员"。"成员"引用类似于数组，分别对对应的各个成员进行引用，对结构型变量的大部分操作，如赋值、运算、输入、输出都是通过对结构体的引用来实现的。

结构体成员的引用方式有两种：

(1) 采用"."运算符引用结构体变量成员：结构变量名.成员名

例：

```
printf("%s",stu1.num);          /* 显示 stu1 的学号内容 */
scanf("%s",stu2.sex);           /* 输入 stu2 的性别 */
```

(2) 采用"->"运算符引用结构体指针变量成员：结构指针变量名->成员名

如果声明一个结构体变量为指针类型时，则称之为结构体指针变量，此时可以采用"->"运算符来引用其"成员"；与前面讨论过的各类指针变量相同，结构体指针变量也必须要先赋值后才能使用，它的值为指向结构体变量的首地址。

2. 输入学生信息

根据前面的操作，现在可以对本任务中的学生信息进行输入。输入的方式可以有两种，一种是直接赋值，另一种是通过循环语句赋值。

方法一：

```
struct student{
  char num[10];        /* 学号 * /
  char name[20];       /* 姓名 * /
  char sex[4];         /* 性别 * /
  int age;             /* 年龄 * /
  int score;           /* 成绩 * /
}s[4];
main( ){
  struct stu s[4] = { {"010101","赵小亮","男",18,80},
                      {"010102","李芳","女",18,92},
                      {"010103","刘猛","男",19,81},
                      {"010104","李刚","男",18,75 } };
 …
}
```

说明：这种方法只能实现学生记录数目确定的情况。对于学生记录数目不确定的情况需要使用循环实现。

方法二：

```
struct student{
  char num[10];        /* 学号 * /
  char name[20];       /* 姓名 * /
  char sex[4];         /* 性别 * /
  int age;             /* 年龄 * /
  int score;           /* 成绩 * /
}s[4];
main( ){
  int i;
  printf("请输入学生信息\n");
  printf("学号  姓名  性别  年龄  成绩:\n");
  for(i = 0;i<4;i ++ ){
```

```
        scanf("%s %s %s %d %d",&s[i].num, &s[i].name, &s[i].sex, &s[i].
age, &s[i].score);
    }
    ...
    }
```

22.3　任务3:输出学生信息

对学生信息的输出,也可以根据结构体成员的引用方法来实现,采用循环语句加printf()函数来实现。

```
    struct student{
      char num[10];          /* 学号 */
      char name[20];         /* 姓名 */
      char sex[4];           /* 性别 */
      int age;               /* 年龄 */
      int score;             /* 成绩 */
    }s[4];
    main( ){
      int i;
    ...
      printf("学号   姓名   性别   年龄   成绩:\n");
      for(i=0;i<4;i++){
        printf("%s%s%s%d%d",s[i].num, s[i].name, s[i].sex, s[i].age,
s[i].score);
    }
    ...
    }
```

【知识拓展】

1. 共用体

为了增加程序设计时数据处理的灵活性,在C语言中,可以将不同数据类型的数据使用共同的存储共域,这种构造数据类型称为共用体,即联合体。

在实际问题中有很多这样的例子。例如在教师和学生信息登记表中,填写内容包括姓名、年龄、性别、职业、单位,其中,“职业”一项可分为“教师”和“学生”两类。对学生来说,“单位”一项应填入班级编号(可以用整型表示),对教师来说,“单位”一项应填入部门名称(可用字符数组表示)。如表22-2所示的信息登记表。要把这两种类型不同的数据都填入“单位”这个变量中，就必须把“单位”定义为包含整型和字符型数组这两种类型的“联合体”。

表 22-2 信息登记表

姓名(name)	性别(sex)	年龄(age)	职业(chinese)	单位(math)
董言	男	30	教师	软件教研室
方芳	女	19	学生	110
刘小丽	女	25	教师	硬件教研室
马小明	男	18	学生	102

“共用体”与“结构体”在定义、变量说明、引用上是相似的，但两者也有本质上的不同。在“结构体”中，各成员有各自的内存空间，一个结构变量的总长度是各成员长度之和。而在“共用体”中，各成员共享一段内存空间，一个联合变量的长度等于各成员中最长的长度。

(1) 共用体的定义

```
union 共用体类型名{
类型 成员变量名 1;
类型 成员变量名 2;
类型 成员变量名 3;
…
类型 成员变量名 n;
};
```

根据定义，表 22-2 所示的信息登记表中，“单位”变量定义如下：

```
union perdata {              /* 定义名为 perdata 的共用体类型 * /
  int class;                 /* 班级编号 * /
  char office[20];           /* 部门名称 * /
};
```

在这里，定义了一个共用体类型，它含有两个成员，一个是名为 class 的整型成员；另一个是名为 office 的字符数组类型成员。对共用体定义之后，即可对共用体变量进行说明，被说明为 perdata 类型的变量，可以存放整型量 class 或存放字符数组 office。

(2) 共用体变量

共用体变量的声明和结构体变量声明的方式相似，如 perdata 类型的共用体变量的直接声明方式如下：

```
union perdata {
  int class;
  char office[20];
}a , b; /* a、b 为 perdata 类型 * /
```

说明：a，b 变量均为 perdata 类型，a，b 变量的长度应等于 perdata 的成员中最长的长度，即等于 20 个字节。

共用体采用覆盖技术，实现共用体类型变量各成员的内存共享，所以在某一时刻，存放的和起作用的是最后一次存入的成员。

共用体中各成员由于共享同一内存空间，所以，各成员的地址相同。

【小组讨论与呈现作业】

一、选择题

1. 下列关于结构类型与结构变量的说法中，错误的是(　　)。

A. 结构类型与结构变量是两个不同的概念，其区别如同 int 类与 int 型变量的区别一样。

B. “结构”可将不同数据类型但相互关联的一组数据组合成一个有机整体使用。

C. “结构类型名”和”数据项”的命名规则，与变量名相同。

D. 结构类型中的成员名不可以与程序中的变量同名。

2. 设有以下说明语句 struct ex{int x;float y;char z;}example;则下面的叙述中不正确的是(　　)。

A. struct ex 是结构体类型　　B. example 是结构体类型名

C. x,y,z 都是结构体成员名　　D. struct 是结构体类型的关键字

二、填空题

1. 有如下定义：

```
struct data{int num;char name[10];} mydata;
```

为 mydata 的成员 num 赋值为 15 的语句是________________。

2. 设有以下定义和语句，请以正确输出变量的值填空。

```
struct num{
  int n;
double x;
}n1;
n1.n = 10;
n1.x = 12.0;
printf("____________",______________);
```

三、编程题

1. 定义一个日期结构变量,查询某日期是本年的第几天。
2. 已知某班学生信息包括学号、姓名、平时成绩、实训成绩和期末成绩,求学生总成绩及平均分。

第四部分:结构化程序设计　常犯错误10例

扫一扫可见

实训项目　学生成绩管理系统

行动目标：

- 掌握结构化程序设计的基本思想和实现方法
- 掌握在主程序中调用不同函数实现不同功能的方法
- 了解程序结构图
- 了解C语言中指针、结构体、文件等知识

【项目描述】

设计一个学生成绩管理系统，实现学生成绩的输入、输出和各种常见的成绩处理功能，请按照结构化程序设计的方法分析、规划并实现该系统。

【项目分析】

(1) 首先要做需求分析：该系统除了成绩的输入输出功能外，还可以包括成绩的常见处理功能，例如：求最高分、最低分、总分与平均分、排名次等。

(2) 进行系统模块划分：采用自顶而下的设计方法，可以将整个系统分成下面的8个模块，其中主程序模块负责调用其他的子模块。

程序结构图如下：

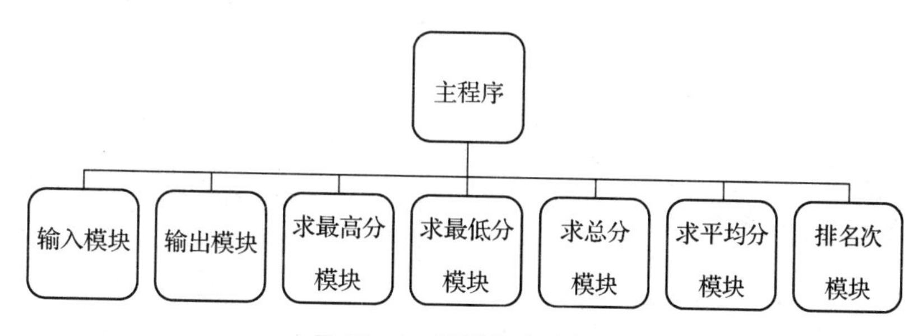

图21-1　项目程序结构图

(3) 分别用函数实现各个模块。

(4) 在主程序中调用各个子模块，以实现成绩的输入、输出和各种成绩处理功能。

(5) 在主程序中设计主菜单，供用户选择以进入各个子模块。

附录　C 语言编码规范

1　程序版式(35 条规则＋2 条建议)

1.1　空行(4 条规则)

空行起着分隔程序段落的作用,空行得体将使程序的布局更加清晰。空行不会浪费内存,所以不要舍不得用空行。

【规则 1-1-1】 在函数内部局部变量定义结束之后处理语句之前要加空行。

【规则 1-1-2】 在每个函数定义结束之后都要加空行。参见示例 1-1(a)。

【规则 1-1-3】 函数返回语句和其他语句之间使用空行分开。

【规则 1-1-4】 在一个函数体内,逻辑上密切相关的语句之间不加空行,其他地方应加空行分隔。参见示例 1-1(b)。

```
// 空行
    void Function1( )
    {
        …
    }
    // 空行
    void Function2( )
    {
        …
    }
    // 空行
    void Function3( )
    {
        …
    }
```

示例 1-1(a)　函数之间的空行

```
// 空行
    while( condition )
    {
        statement1;
        // 空行
        if ( condition )
        {
        statement2;
        }
        else
        {
        statement3;
        }
        // 空行
        statement4;
    }
```

示例 1-1(b)　函数内部的空行

1.2　代码行(5 条规则＋1 条建议)

【规则 1-2-1】 一行代码只做一件事情,如只定义一个变量,或只写一条语句。这样的代码容易阅读，并且方便写注释。

【规则 1－2－2】 if、for、while、do 等语句自占一行，执行语句不得紧跟其后。不论执行语句有多少都要加{}表明是一个语句块。

【规则 1－2－3】 一对花括号要单独各占一行。但是在 do－while、struct 和 union 及其后有‘;’的除外，要同在一行。

例如：

```
do
{
    …
}while(i>0);
```

【规则 1－2－4】 switch 语句中的每个 case 语句各占一行，当某个 case 语句不需要 break 语句最好加注释声明。

【规则 1－2－5】 并列的语句行应该按照字母顺序排序，如变量定义和 switch 中的 case 语句等。

【建议 1－2－1】 尽可能在定义变量的同时初始化该变量（就近原则），如果变量的引用处和其定义处相隔较远，变量的初始化很容易被忘记。如果引用了未被初始化的变量，可能会导致程序错误。本建议可以减少隐患。

例如：

```
int      width=20;      /* 定义并初给化 width */
int      height=20;     /* 定义并初给化 height */
int      depth=20;      /* 定义并初给化 depth */
```

风格良好的代码行	风格不良的代码行
int width;　　/* 宽度 */ int height;　　/* 高度 */ int depth;　　/* 深度 */	int width, height, depth; /* 宽度高度深度 */

x=a+b;
y=c+d;
z=e+f;
	x=a+b;y=c+d;z=e+f;

if(width < height)
{
dosomething();
}
	if(width < height) dosomething();

for(initialization; condition; update)
{
　dosomething();
}
// 空行
other();
	for(initialization; condition; update)
	dosomething();
	other();

1.3 代码行内的空格(6条规则+1条建议)

【规则1-3-1】 关键字之后要留空格。像const、case等关键字之后至少要留一个空格，否则无法辨析关键字。像if、for、while等关键字和紧跟的左括号“(”之后应留一个空格，右括号前也对应要留一个空格，以突出关键字。例如：if(a==b)

【规则1-3-2】 函数名之后不要留空格，紧跟左括号“(”，以与关键字区别。
例如：void calc(void);

【规则1-3-3】 “,”之后要留空格，如Function(x, y, z)。如果“;”不是一行的结束符号，其后要留空格，如for(initialization; condition; update)。

【规则1-3-4】 不要在单目运算符(如“!”、“~”、“++”、“--”、“&”)和其操作对象间加空格。
例如：! foo，++i，(long)getValue

【规则1-3-5】 赋值操作符、比较操作符、算术操作符、逻辑操作符、位域操作符，如“=”、“+=”、“>=”、“<=”、“+”、“*”、“%”、“&&”、“||”、“<<”、“^”等二元操作符的前后应当加空格。

【规则1-3-6】 象“[]”、“.”、“->”这类操作符前后不加空格。
例如：big. bar，pFile->bar，big[bar]

【建议1-3-1】 对于表达式较长的for语句和if语句，为了紧凑起见可以适当地去掉一些空格.
例如：
for(i=0; i<10; i++)和if((a<=b) && (c<=d))

风格良好的空格	风格不良的空格
void Func1(int x, int y, int z);	void Func1 (int x,int y,int z);
if(year >= 2000) if((a>=b) && (c<=d))	if(year>=2000) if(a>=b&&c<=d)
for(i=0; i<10; i++)	for (i = 0; i < 10; i ++)
x = a < b ? a : b;	x=a<b? a:b;
int *x = &y;	int * x = & y;

array[5] = 0;
a. Function();
b->Function();
	array [5] = 0;
	a. Function();
	b -> Function();

1.4 对齐(4条规则)

【规则1-4-1】 程序的分界符“{”和“}”应独占一行并且位于同一列，同时与引用它们的语句左对齐。

【规则 1-4-2】 水平缩进每次使用四个空格即可(定义一个 tab 键为四个空格。有的要求缩进两个空格)。

【规则 1-4-3】 同属于一个语句块的代码对齐。

【规则 1-4-4】 { }之内的代码块在"{"右边一个 tab 键处左对齐。

风格良好的对齐	风格不良的对齐

void Function(int x)
{
    program code
}
	void Function(int x){
	    program code
	}

if(condition)
{
    program code
}
else
{
    program code
}
	if(condition){
	   program code
	}
	else {
	    program code
	}

for(initialization; condition; update)
{
    program code
}
	for(initialization; condition; update){
	    …program code
	}

while(condition)
{
    program code
}
	while(condition){
	    …program code
	}

如果出现嵌套的{},则使用缩进对齐,如:
{
    {
 	
    }
}	

1.5　长行拆分(2 条规则)

【规则 1-5-1】 代码行最大长度宜控制在 70 至 80 个字符以内。代码行不宜过长,否则不便于阅读,也不便于打印。

【规则 1-5-2】 长表达式要在低优先级操作符处拆分成新行,操作符放在新行之首(以便突出操作符)。拆分出的新行要进行适当的缩进,使排版整齐,语句可读。

```
if( (very_longer_variable1 >= very_longer_variable12 )
    && (very_longer_variable3 <= very_longer_variable14)
    && (very_longer_variable5 <= very_longer_variable16))
{
    dosomething();
}
```

```
virtual CMatrix CMultiplyMatrix (CMatrix leftMatrix,
                                 CMatrix rightMatrix);
```

```
for( very_long_initialization;
     very_long_condition;
     very_long_update)
{
     dosomething();
}
```

示例 1-5 长行的拆分

1.6 修饰符的位置(1条规则)

【规则 1-6-1】 将修饰符 * 和 & 紧靠变量名,以免引起误解。

例如:

```
char *name;
int   *x, y;    /* 此处 y 不会被误解为指针 */
```

1.7 注释(12条规则)

C语言的注释符为"/*… */"和"//"。注释通常用于:

(1) 版本、版权声明;

(2) 函数接口说明,包括参数类型和意义、函数类型和意义等;

(3) 重要的数据类型声明、变量、算法、处理、段落等提示。

"//"为行注释。

【规则 1-7-1】 注释是对代码作用的"提示",而不是文档。注释的频度要合适,一般要求占程序总行数的1/5~1/4。

【规则 1-7-2】 边写代码边注释,修改代码同时修改相应的注释,以保证注释与代码的一致性。不再有用的注释要删除。

【规则 1-7-3】 注释应准确、易懂,防止注释有二义性。错误的注释不但无益反而有害。

【规则 1-7-4】 尽量避免在注释中使用缩写,特别是不常用的缩写。根据维护程序的对象确定使用中文还是使用英文。

【规则 1-7-5】 注释的位置应与被描述代码相邻,可以放在代码的上方或右方,一般不宜放在下方。

【规则 1－7－6】 当代码比较长,特别是有多重嵌套时,应当在一些段落的结束处加注释,便于阅读。

【规则 1－7－7】 尽量不要在语句指令中添加注释。

【规则 1－7－8】 注释不具备约束使用者行为的能力。

【规则 1－7－9】 给一行代码添加注释最好使用"//",比较清楚。

【规则 1－7－10】 不要使用/＊ ＊/注释掉大量代码,而要使用＃if0 条件编译语句

例如:

```
#if 0
if( debugLevel>1 )
{
    ...
}
#endif
```

【规则 1－7－11】 行末注释最好对齐。

【规则 1－7－12】 应对包含的头文件进行行末注释。

2. 标识符命名(15 条规则＋1 条建议)

共性规则是被大多数程序员采纳的,我们应当遵循这些共性规则。

命名两个基本原则:

(1) 含义清晰,不易混淆;

(2) 不与其他模块、函数的命名空间相冲突。

【规则 2－1－1】 标识符要清楚、准确、简单而且尽量为可发音的英文名字。

例如:int returnStatus;

不要把 currentValue 写成 nowValue 。

【规则 2－1－2】 标识符的长度应当符合"min－length && max－information"(最短并包含信息最多)原则。单字符的名字也是有用的,常见的如 i、j、k、m、n、x、y、z 等,它们通常可用作函数内的局部变量。

【规则 2－1－3】 命名规则尽量与所采用的操作系统或开发工具的风格保持一致。

例如:Windows 应用程序的标识符通常采用"大小写"混排的方式,如:

printStudent;而 Unix 应用程序的标识符通常采用"小写加下划线"的方式,如 print_student。别把这两类风格混在一起用。

【规则 2－1－4】 尽量选择通用词汇并保持整个软件风格一致。

例如:使用 get、read、fetch 、retrieve 都能表达"取出"的意思,一旦软件采用哪一 个则应贯穿始终。

【规则 2－1－5】 程序中不要出现仅靠大小写区分的相似的标识符。

例如:int x, X;　　　/＊ 变量 x 与 X 容易混淆 ＊/

　　void foo(int y); /＊ 函数 foo 与 FOO 容易混淆 ＊/

void FOO(float y);

【规则 2-1-6】 程序中不要出现标识符完全相同的局部变量和全局变量,尽管可能两者的作用域不同而不会发生语法错误,但会使人误解。

【规则 2-1-7】 变量的名字应当使用"名词"或者"形容词+名词"。

例如:float value;

float newValue;

【规则 2-1-8】 用正确的反义词组命名具有互斥意义的变量或相反动作的函数等。

例如:int MinValue;

int MaxValue;

int MinValue(void);

int MaxValue(void);

【规则 2-1-9】 变量和参数首字母小写,其后每个英文单词的第一个字母大写,其他小写。

例如:int recWidth;

【规则 2-1-10】 标识布尔型的变量或函数名称一般使用 is 作为前缀。

例如:void isFull();

【规则 2-1-11】 常量全用大写字母,用下划线分割单词。

const int MAX_LENGTH = 100;

【规则 2-1-12】 静态变量加前缀 s_(表示 static)。

static int s_initValue; /* 静态变量 */

【规则 2-1-13】 如果需要定义全局变量,则变量加前缀 g_(表示 global)。

例如:int g_howStudent; /* 全局变量 */

【规则 2-1-14】 函数名用大写字母开头的单词组合而成。由多个单词组成的标识符每个单词首字母大写。其他小写。

例如:InputStudInfo(); //全局函数

【规则 2-1-15】 一般错误包裹函数名全部大写。

例如:

```
FILE *pFile=fopen("readme.txt","rw+");
if ( pFile==NUL )
{
//错误处理:打印错误信息等。
abort();
}
```

可以定义成下面的包裹函数

```
FILE *( char const* fileName,char const *mode )
{
    FILE *pFile=fopen(fileName,mode);
    if ( pFile==NUL )
```

```
        {
           //错误处理:打印错误信息等。
           abort();
        }

        return pFile;//正常则返回相应的文件指针
    }
```

以后调用的话,则可以使用下面的简洁方式:

FILE * pFile=FOPEN("readme.txt","rw++");

【建议 2-1-1】 尽量避免名字中出现数字编号,如 value1、value2 等,除非逻辑上的确需要编号。

3 常量(7条规则)

常量是一种标识符,它的值在运行期间恒定不变。C 语言用#define 来定义常量。除了#define 之外还可以用 const 来定义常量。

3.1 const 与#define 的比较(2条规则)

C 语言可以用 const 来定义常量,也可以用#define 来定义常量。但是前者比后者有更多的优点:

(1) const 常量有数据类型,而宏常量没有数据类型。编译器可以对前者进行类型安全检查。而对后者只进行字符替换,没有类型安全检查,并且在字符替换过程中可能会产生意料不到的错误。

(2) 有些集成化的调试工具可以对 const 常量进行调试,但是不能对宏常量进行调试。

【规则 3-1-1】 尽量使用含义直观的常量来表示那些将在程序中多次出现的数字或字符串。

例如:

```
#define MAX 100           // C 语言的宏常量
const float PI = 3.14159;// C 语言的 const 常量
```

【规则 3-1-2】 尽量使用 const 定义常量替代宏定义常量。

3.2 常量定义(5条规则)

【规则 3-2-1】 需要对外公开的常量放在头文件中,不需要对外公开的常量放在定义文件的头部。为便于管理,可以把不同模块的常量集中存放在一个公共的头文件中。

【规则 3-2-2】 如果某一常量与其他常量密切相关,则应在定义中包含这种关系,而不应给出一些孤立的值。

例如:

const float RADIUS = 100;

const float DIAMETER = RADIUS * 2;

【规则 3-2-3】 enum 中的枚举常量应以大写字母开头或全部大写。

【规则 3-2-4】 如果宏值多于一项，一定使用括号。

例如：# define ERROR_DATA_LENGTH 10+1

应该这样定义：

define ERROR_DATA_LENGTH (10+1)

这样使用 malloc(5 * ERROR_DATA_LENGTH)时，得到是 5 * (10+1)=55；而上面的定义则得到 5 * 10+1=51。

【规则 3-2-5】 函数宏的每个参数都要括起来。

例如：# define WEEKS_TO_DAYS(w) (w * 7)

应该写成：# define WEEKS_TO_DAYS(w) ((w) * 7)

这样在翻译 totalDays = WEEKS_TO_DAYS(1 + 2)时，才能够正确地翻译成：(1+2) * 7；否则将错误地翻译成 1+2 * 7。

4 变量(11 条规则)

【规则 4-1-1】 局部变量在引用之前要进行出初始化或要有明确的值。

【规则 4-1-2】 如果指针变量知道被初始化为什么地址，则初始化为该地址，否则初始化为 NULL。

【规则 4-1-3】 所有的外部变量声明前都应加上 extern 关键字。

【规则 4-1-4】 尽量不要使用一个 bit 位控制程序流程或标识特定状态。最好使用多位或枚举类型标识状态。

【规则 4-1-5】 如果定义数组时全部初始化，则不用给出数组长度。

例如：int array[]={1,2,3,4,5}；

在需要使用数组长度时，用 sizeof(array)/sizeof(array[0])计算得出。

【规则 4-1-6】 不同文件的全局变量没有固定的初始化顺序，注意使用 # include 包括的文件都算作同一文件。

【规则 4-1-7】 尽量避免强制类型转换；如果不得不使用，则尽量使用显式方式。

【规则 4-1-8】 不要强制指针指向尺寸不同的目标。

例如：

```
int Function(const char * pChar )
{
    int * pInt=(const int * )pChar; / * 危险操作 * /
    return( * pInt);
}
```

【规则 4-1-9】 尽量少用无符号类型，其在混合表达式中可能隐式转换造成错误。

【规则 4-1-10】 尽量少用浮点类型，因为浮点数据标识不精确，而且运算速度慢。

【规则 4-1-11】 尽量少用 union 类型，因为成员共用内存空间，处理不当容易出错。

5　表达式和基本语句（17 条规则＋3 条建议）

5.1 运算符的优先级（1 条规则）

【规则 5-1-1】 避免使用默认的优先级。如果代码行中的运算符比较多，为了防止产生歧义并提高可读性，应当用括号明确表达式的计算顺序。

例如：

```
value = (high << 8) | low
  if ((a | b) && (a & c))
```

5.2 复合表达式（4 条规则）

如 a=b=c=0 这样的表达式称为复合表达式。允许复合表达式存在的理由是：

(1) 书写简洁；

(2) 可以提高编译效率；

(3) 但要防止滥用复合表达式。

【规则 5-2-1】 不要编写太复杂的复合表达式。

例如：i=a>= b && c<d && c+f<=g+h ; // 复合表达式过于复杂

【规则 5-2-2】 不要使用多用途的复合表达式。

例如：d=(a=b+c)+r ; //该表达式既求 a 值又求 d 值。

应该拆分为两个独立的语句：

```
a=b+c;
d=a+r;
```

【规则 5-2-3】不要把程序中的复合表达式与“真正的数学表达式”混淆。

例如：if(a<b<c)　　　//a<b<c 是数学表达式而不是复合表达式

并不表示 if((a<b) && (b<c))

而是成了令人费解的 if((a<b)<c)

【规则 5-2-4】 “++”和“--”，当对语句中的变量使用递增或递减运算符时，该变量不应在语句中出现一次以上，因为求值的顺序取决于编译器。编写代码时不要对顺序作假设，也不要编写在某一机器上能够如期运行但没有明确定义行为的代码。

例如：

```
int i = 0, a[5];
a[i] = i++;// 给 a[0]赋值还是给 a[1]赋值?
```

5.3 if语句布尔表达式(7条规则)

if语句是C语言中最简单、最常用的语句,然而很多程序员用隐含错误的方式写if语句。

【规则5-3-1】 如果布尔表达式比较长且与一个常值进行比较时,一般把常值放在前面更清楚。

例如:

```
if( 0!=(a+b)%6 )
{
}
```

【规则5-3-2】 有多个if语句嵌套时,要层层对齐,每一层的真假分支使用括号括起来并对齐。

例如:

```
if( x>y )
{
}
else
{
    if ( y>z)
    {
    }
    else
    {
    }
}
```

【规则5-3-3】 布尔表达式中有多个逻辑"与"判断条件时,只要其中一个条件不满足则该表达式的值就是"假";注意在else分支中,不能假定某个逻辑表达式为"真"而进行处理,导致错误。

例如:

```
int a=10;
int b=0;
int c=0;
if( 0!==a && 0!=b && 0!=c )
{
}
{
    x=y/c;
}
```

【规则 5-3-4】 布尔表达式中有多个逻辑"或"判断条件时，只要其中一个条件满足则该表达式的值就是"真"；注意不能假定某个逻辑表达式为"真"而进行处理，导致错误。

例如：

```
int a=10;
int b=0;
int c=0;
if( 0!==a || 0!=b || 0!=c )
{
    x=y/c;
}
```

【规则 5-3-5】 不可将布尔变量直接与 TRUE、FALSE 或者 1、0 进行比较。

根据布尔类型的语义，零值为"假"(记为 FALSE)，任何非零值都是"真"(记为 TRUE)。TRUE 的值究竟是什么并没有统一的标准。例如 Visual C++ 将 TRUE 定义为 1，而 Visual Basic 则将 TRUE 定义为-1。

假设布尔变量名字为 flag，它与零值比较的标准 if 语句如下：

```
if( flag ) /* 表示 flag 为真 */
if( ! flag ) /* 表示 flag 为假 */
```

其他的用法都属于不良风格，例如：

```
if( flag == TRUE )
if( flag == 1 )
if( flag == FALSE )
if( flag == 0 )
```

【规则 5-3-6】 不可将浮点变量用"=="或"! ="与其他变量或数字比较。

千万要留意，无论是 float 还是 double 类型的变量，都有精度限制。所以一定要避免将浮点变量用"=="或"! ="与数字比较，应该设法转化成">="或"<="的形式。

假设浮点变量为 x，应当将

```
if( x == 0.0 )        // 隐含错误的比较
```

转化为

```
if( (x>=-EPSINON ) && ( x<=EPSINON) )
```

其中 EPSINON 是允许的误差(即精度)。

【规则 5-3-7】 应当将指针变量用"=="或"! ="与 NULL 比较。

指针变量的零值是"空"(记为 NULL)。尽管 NULL 的值与 0 相同，但是两者意义不同。假设指针变量的名字为 p，它与零值比较的标准 if 语句如下：

```
if( p== NULL )          // p 与 NULL 显式比较，强调 p 是指针变量
if( p! = NULL )
```

不要写成

```
if( p==0 )              // 容易让人误解 p 是整型变量
if( p! =0 )
```

或者

if(p)　　　　// 容易让人误解 p 是布尔变量

if(! p)

5.4　循环语句(1 条规则+3 条建议)

C语言的循环语句中，for 语句的使用频率最高，while 语句其次，do 语句很少用。本节重点论述循环体的效率。提高循环体效率的基本办法是降低循环体的复杂性。

【规则 5-4-1】 不可在循环体内修改循环变量，以防止循环失去控制。

【建议 5-4-1】 在多重循环中，如果有可能，应当将最长的循环放在最内层，最短的循环放在最外层，以减少 CPU 跨切循环层的次数。如下表的对比：

低效率：长循环在最外层	高效率：长循环在最内层

for (row=0; row<100; row++)
{
　for (col=0; col<5; col++)
　{
　　　sum = sum + a[row][col];
　}
}
	for (col=0; col<5; col++)
	{
	　for (row=0; row<100; row++)
	　{
	　　　sum = sum + a[row][col];
	　}
	}

【建议 5-4-2】 如果循环体内存在逻辑判断，并且循环次数很大，宜将逻辑判断移到循环体的外面。下面示例 a 的程序比示例 b 程序多执行了 N-1 次逻辑判断。并且由于前者总要进行逻辑判断，打断了循环"流水线"作业，使得编译器不能对循环进行优化处理，降低了效率。如果 N 非常大，最好采用示例 b 的写法，可以提高效率。如果 N 非常小，两者效率差别并不明显，采用示例 a 的写法比较好，因为程序更加简洁。如下表的对比：

a. 效率低但程序简洁	b. 效率高但程序不简洁

for(i=0; i<N; i++)
{
　if (condition)
　　DoSomething();
　else
　　DoOtherthing();
}
	if(condition)
	{
	　for(i=0; i<N; i++)
	　　　DoSomething();
	}
	else
	{
	　for(i=0; i<N; i++)
	　　　DoOtherthing();
	}

【建议 5-4-3】 建议 for 语句的循环控制变量的取值采用"半开半闭区间"写法。

示例 a 中的 x 值属于半开半闭区间"0 =< x < N"，起点到终点的间隔为 N，循环次数为 N。

示例 b 中的 x 值属于闭区间"0 =< x <= N-1"，起点到终点的间隔为 N-1，循环次数为 N。

相比之下，示例 a 的写法更加直观，尽管两者的功能是相同的。

a. 循环变量属于半开半闭区间	b. 循环变量属于闭区间

for(x=0; x<N; x++)
{
...
}
	for(x=0; x<=N−1; x++)
	{
	...
	}

5.5　switch 语句(2 条规则)

【规则 5-5-1】　每个 case 语句的结尾不要忘了加 break 语句，否则将导致多个分支重叠(除非有意使多个分支重叠)。

【规则 5-5-2】　不要忘记最后的 default 分支。即使程序真的不需要 default 处理，也应该保留语句 default ：break;

5.6　goto 语句(1 条规则)

【规则 5-6-1】　慎用 goto 语句。虽然在某些情况使用方便，但是会造成程序可读性下降。

6. 函数设计(14 条规则+8 条建议)

6.1　注释规则(1 条规则)

【规则 6-1-1】　一般在函数头添加函数功能、参数说明、返回值等注释信息。可以选择在函数末尾添加该函数在单元测试中曾经出现的问题。

一个函数的注释信息如下例：

```
/**********************************************************
*            Function(功能):calculate The area of rectangle
                                                          *
*            parameter(参数):the Length and Width of rectangle
                                                          *
*            outout(返回值):the area of   rectangle
                                                          *
**********************************************************/
int GetValue(int iLength, int iWidth)
{
    ...
    return   iArea;
```

```
}
/*
Error:
    1描述在单元测试中出现的错误
    2…
*/
```

6.2 函数的使用(1条规则)

【规则6-2-1】 函数的扇入数目尽量多,扇出数目不宜太多,一般不超过10,以保证程序的高内聚、低耦和。

6.3 参数的规则(4条规则+2条建议)

【规则6-3-1】 参数的书写要完整,不要贪图省事只写参数的类型而省略参数的名字。如果函数没有参数,则用void填充(使用函数原型)。

例如:

```
void SetValue(int width, int height);        // 良好的风格
void SetValue(int, int);                     // 不良的风格
float GetValue(void);                        // 良好的风格
float GetValue();                            // 不良的风格
```

【规则6-3-2】 参数命名要恰当,顺序要符合习惯用法。

例如:编写字符串拷贝函数StringCopy,它有两个参数。如果把参数名字起为str1和str2,例如:

```
void StringCopy(char *str1, char *str2);
```

很难搞清楚究竟是把str1拷贝到str2中,还是相反。可以把参数名字起得更有意义,例如strSource和strDestination。这样从名字上就可以看出应该把strSource拷贝到strDestination中。另外,参数的顺序要遵循库函数的风格。一般地,应将目的参数放在前面,源参数放在后面。

【规则6-3-3】 如果参数是指针,且仅作输入用,则应在类型前加const,以防止该指针在函数体内被意外修改。

例如:void StringCopy(char *strDestination,const char *strSource);

【规则6-3-4】 对于基本数据类型参数应该传递值(除非函数要修改传入的参数),这样安全、简单。对于复合数据类型应传递指针(地址),以提高效率。

【建议6-3-1】 避免函数有太多的参数,参数个数尽量控制在5个以内。如果参数太多,在使用时容易将参数类型或顺序搞错。

【建议6-3-2】 尽量不要使用类型和数目不确定的参数。

6.4 返回值的规则(6 条规则)

【规则 6-4-1】 不要省略返回值的类型。如果函数没有返回值,那么应声明为 void 类型。

【规则 6-4-2】 函数名字与返回值类型在语义上不可冲突。

【规则 6-4-3】 函数返回正常值和错误标志要有明确的说明。

【规则 6-4-4】 给以“指针传递”方式的函数返回值加 const 修饰,那么函数返回值(即指针)的内容不能被修改,该返回值只能被赋给加 const 修饰的同类型指针。

函数返回值采用“值传递方式”,由于函数会把返回值复制到外部临时的存储单元中,加 const 修饰没有任何价值。

【规则 6-4-5】 返回指针类型的函数应该使用 NULL 表示失败。

【规则 6-4-6】 当函数返回指针时,应用注释描述指针的有效期。

6.5 函数内部实现的规则(2 条规则)

不同功能的函数其内部实现各不相同,看起来似乎无法就“内部实现”达成一致的观点。但根据经验,我们可以在函数体的“入口处”和“出口处”从严把关,从而提高函数的质量。

【规则 6-5-1】 在函数体的“入口处”,对参数的有效性进行检查。

【规则 6-5-2】 尽量保持函数只有一个出口,在函数体的“出口处”,对 return 语句的正确性和效率进行检查。

注意事项如下:

(1) return 语句不可返回指向“栈内存”的“指针”,因为该内存在函数体结束时被自动销毁。

例如:

```
char * Func(void)
{
    char str[] = “hello student”;          // str 的内存位于栈上
    ...
    return str;                            // 将导致错误
}
```

(2) 要搞清楚返回的究竟是“值”还是“指针”。

6.6 其他建议(6 条建议)

【建议 6-6-1】 函数的功能要单一,不要设计功能过于复杂的函数。

【建议 6-6-2】 经常使用的重复代码用函数来代替。

【建议 6-6-3】 函数体的规模要小,尽量控制在 50 行代码之内。

【建议 6-6-4】 尽量避免函数带有“记忆”功能。相同的输入应当产生相同的输出。

函数的 static 局部变量是函数的"记忆"存储器。建议尽量少用 static 局部变量,除非必需。

【建议 6-6-5】 不仅要检查输入参数的有效性,还要检查通过其他途径进入函数体内的变量的有效性。例如全局变量、文件句柄等。

【建议 6-6-6】 用于出错处理的返回值一定要清楚,让使用者不容易忽视或误解错误情况。